高等职业教育园林园艺类专业系列教材

庭院景观与绿化设计

主　编　陈淑君　黄敏强
副主编　黄　艾　吴立威
参　编　张立均　张金炜　李耀健　林乐静
　　　　崔广元　易　军　杨京燕　方　月

U0174435

机 械 工 业 出 版 社

本书遵循"任务引领、实践导向"的原则,选取典型案例作为载体贯穿于庭院景观设计整个流程,并系统地介绍了庭院景观总体构思与布局、庭院山水景观设计、庭院园路与铺地景观设计、庭院建筑小品景观设计及庭院植物景观设计五个方面的内容。本书以项目、任务取代传统的章节,每项任务均包括任务分析、工作流程、基础知识、实践操作、思考与练习五个环节。

本书在编写上注重理论与实践的有机结合,内容详尽,图文并茂。本书可作为高职高专园林园艺类专业和相关专业的教学用书,也可作为园林设计人员的学习和参考用书。

图书在版编目(CIP)数据

庭院景观与绿化设计/陈淑君,黄敏强主编. —北京:机械工业出版社,2015.2(2024.2重印)

高等职业教育园林园艺类专业系列教材

ISBN 978-7-111-48991-7

Ⅰ.①庭… Ⅱ.①陈…②黄… Ⅲ.①庭院-景观设计-高等职业教育-教材②庭院绿化-绿化规划-高等职业教育-教材 Ⅳ.①TU986.4②TU985.12

中国版本图书馆 CIP 数据核字(2014)第 302019 号

机械工业出版社(北京市百万庄大街22号 邮政编码100037)
策划编辑:王靖辉 责任编辑:王靖辉 覃密道
版式设计:霍永明 责任校对:炊小云
封面设计:马精明 责任印制:邓 博
北京盛通数码印刷有限公司印刷
2024 年 2 月第 1 版第 10 次印刷
184mm×260mm・15.25 印张・373 千字
标准书号:ISBN 978-7-111-48991-7
定价:45.00 元

电话服务   网络服务
客服电话:010-88361066   机 工 官 网:www.cmpbook.com
        010-88379833   机 工 官 博:weibo.com/cmp1952
        010-68326294   金 书 网:www.golden-book.com
封底无防伪标均为盗版   机工教育服务网:www.cmpedu.com

前　言

在教育部教高 16 号文件《关于全面提高高等职业教育教学质量的若干意见》的指导下，宁波城市职业技术学院和杭州真知景观技术培训有限公司展开了长期的校企合作，经过多年的探索和实践，建立了分层分类人才培养模式，在全国较早开设了城市园林专业并设置了庭院方向，同时编写了庭院景观与绿化设计、庭院景观与绿化施工、庭院景观养护管理等方面的系列教材，《庭院景观与绿化设计》为配套教材之一。

庭院是与人们联系最为密切的场所之一，关系着人们的日常生活与居住的幸福感。如何提升人居环境质量，推动绿色发展，助力美丽中国建设，也是园林工作者的首要任务。为了提高学生的庭院景观设计能力，本书结合实际工程案例，从完成具体设计项目的工作内容及工作流程出发组织内容，全面阐述了庭院景观设计与绿化的相关知识。

本书由宁波城市职业技术学院陈淑君和杭州天香园林有限公司黄敏强任主编，并由陈淑君统稿；由宁波城市职业技术学院黄艾、吴立威任副主编；参加编写的人员有台州科技职业学院杨京燕以及宁波城市职业技术学院张立均、张金炜、李耀健、林乐静、崔广元、易军、方月。

本书在编写过程中得到宁波城市职业技术学院和杭州天香园林公司各级领导的大力支持，同时也参阅了大量相关资料与著作，另有部分插图来自网络，在此谨向相关作者表示衷心的感谢！

本书配有电子课件，凡使用本书作为教材的教师可登录机械工业出版社教材服务网 www. cmpedu. com 下载。咨询邮箱：cmpgaozhi@ sina. com。咨询电话：010-88379375。

由于时间仓促和编者水平所限，书中难免有疏漏和不当之处，敬请广大读者批评指正。

编　者

目　　录

项目导入

知识要求：

1. 掌握庭院的概念、主要类型。
2. 掌握庭院景观构成要素及空间类型。
3. 掌握庭院景观设计工作流程，明确各阶段主要工作内容与成果要求。
4. 掌握与业主洽谈沟通的技巧。

技能要求：

1. 能够与业主沟通，准确把握业主的设计要求。
2. 能够合理安排庭院景观设计项目的工作流程。
3. 能够合理安排庭院景观设计各阶段的具体工作任务。

素质要求：

1. 养成认真分析问题的习惯与勤于思考的态度。
2. 具有认真、细致地制订工作计划的习惯。
3. 具备良好的语言表达与交流能力。

 学习引言

随着社会经济的发展与人们生活水平的提高，大家对其生活、居住的环境也越来越关注。人们对庭院景观的要求也在不断提高，已不是简单的绿化，而是作为人们能够观赏、游憩、活动、交流、健身与陶冶情操的人居环境。因此，对于园林设计人员来说，加强庭院景观设计方面的学习必不可少。

本书以杭州天香别墅庭院景观设计项目作为典型案例，通过开展该项目所需完成的具体工作任务组织学习内容，从而使所学内容更贴近实际工作。

"项目导入"这一部分的内容主要是导入杭州天香别墅庭院景观设计项目，提出设计要求，并分析庭院景观设计工作流程及各阶段所需完成的工作内容与成果要求。

【任务分析】

本任务主要包括以下三方面内容：

1）导入杭州天香别墅庭院景观设计项目。

2）与业主洽谈沟通，详细了解业主相关信息及总体设计要求。

3）分析庭院景观设计工作流程及各阶段所需完成的工作内容与成果要求。

【工作流程】

【基础知识】

一、庭院的概念

"庭院"二字在《辞源》中的解释是："庭者，堂阶前也；院者，周垣也"，可以理解为是由建筑与墙垣围合而成的室外空间。

庭院的特点主要有以下几点：

1）庭院边界较为明确，主要由围墙、栅栏等构筑物围合而成。

2）庭院空间具有内、外双重性，它相对于建筑而言是外部空间，是外向的、开放的；相对于外围环境来说，则是内向的、封闭的。

3）庭院与建筑联系紧密，在功能上相辅相成，景观上相互渗透。

4）庭院是一种特殊的精神场所，能够满足人们休憩、交流、观赏、陶冶情操等多方面的需求，它还是人们缓解与释放各种压力的场所。

二、庭院的类型

庭院按照使用者及使用特点不同，主要可以分为私人住宅庭院、公共建筑庭院及公共游憩庭院三种类型。

（1）私人住宅庭院　私人住宅庭院与人们日常生活密切相关，它是开展许多家庭活动的场所，如散步、就餐、晾晒、园艺活动、交流、聚会、休憩、晒太阳、纳凉、健身运动、游戏玩耍等，它是人们生活空间的一部分。如图 0-1a 所示。

（2）公共建筑庭院　公共建筑庭院主要指酒店、宾馆、办公楼、商场、学校、医院等公共建筑的庭院。此类庭院往往与人们的工作、学习、娱乐等活动相关，主要满足人们观赏、休憩、交流、等候等使用功能。在不同类型的公共建筑庭院设计时，需根据具体使用对象的使用特点与功能要求，创造充满人性化的公共建筑庭院景观。如图 0-1b 所示某中学庭

图 0-1　庭院类型

a）私人住宅庭院　b）公共建筑庭院　c）公共游憩庭院

院景观，该庭院通过小广场、木质休憩平台、混凝土长椅等营造舒适宜人的交流空间。

（3）公共游憩庭院　公共游憩庭院是指被建筑、围墙围合的小面积开放性绿地，如图 0-1c 所示，由通透围墙围合的公共游憩庭院。该类庭院可以独立设置，也可以附属于居住区、公园或其他绿地。另外，一些园林园艺博览园中的主题庭院也可并入此类。公共游憩庭院使用人群较多，人流量也较大，以满足人们观赏、游览、休憩等使用功能为主，通常具有舒适宜人的游憩环境和赏心悦目的视觉效果。

三、庭院景观构成要素

1. 地形

地形是指地表各种起伏的形态，主要可以分为平地、凸地形与凹地形。当地形向上凸起时，就形成了山，当地形向下凹陷时，又成为水的载体，由此构成峰、峦、坡、谷、湖、潭、溪、瀑等山水地形外貌，图 0-2a 所示是传统庭院常见的山水地形景观。在庭院中地形是景观设计的基底和依托，构成整个庭院景观的骨架，地形设计布置恰当与否直接影响到其他景观要素的设计。同时，地形对于庭院景观空间分隔、视线控制、排水组织及小气候环境的营造等都有积极作用。

2. 水体

水是庭院景观的灵魂，能够增加景观的动感与亲切感，使庭院充满个性与魅力，如图 0-2b 所示，通过潺潺的溪流营造自然亲切的景观与悦耳的声响效果。庭院水体景观类型丰富，主要包括水池、溪流、瀑布、叠水、喷泉及容器水景等，或动态，或静态，或开朗，或幽深。水体除了能够营造富有生机与活力的庭院景观外，还在增加空气湿度、降低热辐射、减少灰尘等方面起到积极的作用。

3. 园路

广义的园路包括道路、广场、游憩场地等一切硬质铺装。狭义的园路指园林中起交通组织、引导游览等作用的带状、狭长的硬质地面；铺地也称为铺装，是指除园路以外提供人流集散、休闲娱乐、车辆停放等功能的硬质铺装地面。庭院中的园路与铺地往往相互穿插，共同形成庭院的交通脉络与游览路线，图 0-2c 所示是采用碎石铺设的园路。

4. 建筑小品

建筑小品是指既有功能要求，又具有点缀、装饰和美化作用，从属于某一空间环境的小体量建筑、游憩观赏设施和指示性标志物等的统称。庭院中的建筑小品主要有亭、廊、花架、水榭等能够提供观赏与休憩的小型园林建筑；景墙、雕塑、花钵、瓶饰等装饰性建筑小品；围墙、园门、座凳、栏杆、花坛、园灯、洗手钵等实用性建筑小品。建筑小品在庭院景观中的比重一般都不大，但往往能够起到画龙点睛的作用，如图 0-2d 所示，某庭院中具有乡野趣味的茅草亭。

图 0-2 庭院景观构成要素
a）地形 b）水体 c）园路 d）建筑小品 e）植物

5. 植物

植物是庭院中最有生机与活力的部分，主要包括乔木、灌木、藤本、竹类、草本植物等。另外，盆景等造型植物在庭院中也应用较广。植物的形态、色彩、芳香、季相变化等都是庭院景观重要的组成部分，如图 0-2e 所示，庭院入口前层次丰富的植物景观。植物与地形、水体、建筑、园路等都能形成很好的协调关系。除了美化庭院环境外，植物还具有净化空气、保持水土、减少灰尘、降低庭院热辐射与噪声等作用。另外，植物还具有丰富的人文内涵，能够给人以精神寄托。

这些景观构成要素在营造庭院景观时并不是相互独立的，而是互相配合、相互依存，共同构筑赏心悦目的庭院景观。

四、庭院景观空间

庭院景观空间既是人们的生活空间，需满足各种使用功能的要求；也是艺术空间，能够带给人们美的享受。一片空地，不存在参照尺度，就构成不了空间，一旦添加了空间实体进行围合便形成了空间。空间围合物的尺度、形状、色彩、质感及组合情况决定了空间的性质与特征。

"地""墙""顶"是景观空间最基本的围合物。庭院中的"地""墙""顶"表现形式多样，如"墙"可以是实际墙体，也可以是植物、山石或花架等建筑小品构成的墙体。庭院空间围合物的多样性，加上灵活的空间处理，形成了不同的景观空间类型。

庭院景观空间类型按空间开敞程度分主要有：①开敞空间，此类空间四周没有高出视平线的景物屏障，是开阔、外向的空间，如图 0-3a 所示；②私密空间，四面被高出视平线的景物环抱起来的空间，具有较强的私密性，如图 0-3b 所示；③半开敞空间，此类空间介于开敞与私密空间之间，如图 0-3c 所示，通常一面或多面视线受到限制，而其余的面较为开敞，此类空间具有一定的方向性，方向指向封闭较差的开敞面。

a)

b)

c)

图 0-3　庭院景观类型（按开敞程度分）

a）开敞空间　b）私密空间　c）半开敞空间

庭院景观空间类型按空间动静分主要有：①静态空间，以静态观赏为主的景观空间，是能够让人驻足、停留、休憩的空间；②动态空间，此类景观空间以动态体验为主，强调空间序列的变化及人们在游览过程中的观景感受。

庭院景观空间类型按空间主景分主要有：①地形空间，以山水地形为主营造的空间，此类空间最能影响人们的空间感受；②植物空间，以植物为主营造的空间，多呈现季节性的变化；③建筑空间，以建筑为主营造的空间，通常层次丰富、内外交融；④园路铺地空间，由园路或铺地为主营造的空间，能形成良好的休憩与活动场所；⑤地形、植物、建筑、园路铺地等共同配合形成的空间，内容丰富、景观效果好。

【实践操作】

一、天香别墅庭院景观设计项目导入

1. 项目名称

天香别墅庭院（以下简称天香庭院）景观设计项目。

2. 建设单位

杭州天香园林有限公司。

3. 项目概况

该庭院位于浙江省杭州市萧山所前镇杭州生态园内，是杭州天香园林有限公司的会所庭院，主要是公司日常招待客户及组织员工活动的场所，同时也是作为公司展示自己园林作品的场所。

天香庭院主体建筑为一幢简欧风格的别墅，由两个单元拼联而成，计划通过内部格局调整使其更具整体性，以符合作为公司会所的使用要求。庭院目前已有简单的绿化，但景观效果不佳，需进行空间艺术挖掘和全面改造。庭院除主体建筑外，现状用地主要由绿地、水体及铺地等组成，如图0-4所示，其中水体与园外水系相通，具有一定泄洪作用。该庭院总用地面积为2370m^2，其中别墅建筑占地面积为286m^2，水面面积为620m^2。

二、与业主洽谈与沟通

1. 与业主洽谈注意事项

一般庭院景观设计之前都需要设计人员与业主进行沟通与洽谈。通过相互交流，一方面能够使业主与设计单位相互了解，便于后续工作开展；另一方面，设计人员能够掌握业主对庭院景观营造的目的及具体要求，从而明确设计方向。

在与业主交流时要注意以下几点：

1）做好准备工作，熟悉要交谈的项目情况。

2）交谈中注意了解业主的想法及要求，尊重业主意见，但对于不合理之处不要盲从附和，应委婉告并提出合理化的建议，以达到较好的设计效果。

3）交谈时要有自信、坦诚、稳重，避免夸夸其谈，以建立客户的信任感。

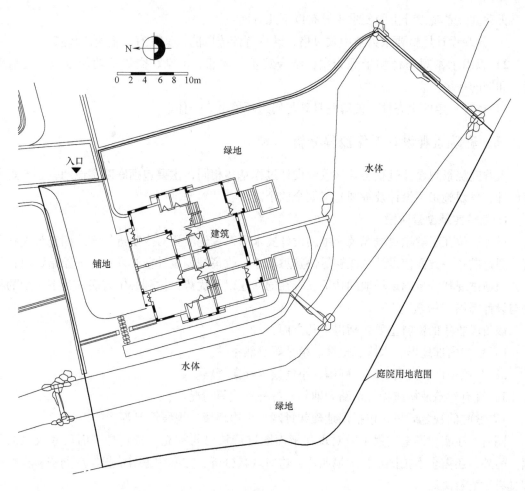

图 0-4 天香庭院现状用地情况

2. 与业主沟通主要内容

通过交流与沟通,设计人员应掌握以下几方面信息:

1)业主的基本情况,如私人住宅庭院需要了解业主的家庭结构,家庭成员的年龄、职业、爱好、生活习惯、信仰等。

2)业主对庭院的风格要求,有时业主对自己喜欢的风格比较模糊,设计师应根据业主的具体情况做些分析,确定业主真正喜欢的风格类型。

3)业主在庭院使用功能及景观上的想法与要求,养护管理要求。

4)了解业主的设计标准及投资额度。

以上几点也是设计人员与业主初步沟通的主要内容。在与业主洽谈时,设计人员可采用问卷调查的形式,收集相关信息,以免有所遗漏。同时,设计人员应结合专业对庭院景观作些阐述。在交流过程中,设计人员还应做好记录工作。

3. 确定景观设计总体要求

天香庭院由于其业主、设计单位、施工单位均为天香园林公司,因此,只需要各部门间做好相互交流与沟通即可。

天香庭院景观设计上的要求主要有以下几方面：

1）景观设计风格要求为新中式风格，既具有传统风韵，又具有一定的现代感。

2）以山水景观与植物景观为主，结合观赏、休憩、活动、交流等功能要求，营造舒适、和谐的环境。

3）体现一定的生态性，使庭院景观与周边环境融为一体。

三、庭院景观设计工作流程分析

天香庭院景观设计过程与其他景观设计过程基本相同，主要包括庭院实地勘查、景观方案设计、景观施工图设计及景观施工配合四个阶段。

1. 庭院实地勘查阶段

设计单位在了解项目概况及业主的设计要求后，首先需要对庭院进行实地勘查与现状分析。通过勘查一方面使设计者能够尽快熟悉场地，收集规划设计前必须掌握的原始资料；另一方面通过现状分析确定场地的特征、存在的问题以及优势，做到心中有底，为下一步的构思与设计提供"线索"。

该阶段收集的资料主要包括以下几方面：

1）庭院内部地形、水体、土壤、植被等自然条件。

2）日照条件、温度、风、降雨、小气候等气象资料。

3）现有建筑及构筑物、道路和铺装、各种管线等情况。

4）庭院的视觉质量，包括用地现状景观、周边环境、视线情况等。

同时，在实地勘查过程中需对现状平面图进行核对与补充，特别是平面尺寸及竖向数据。另外，还需全面拍摄现状环境照片，这对现状分析、方案构思与汇报、后期资料存档等都具有重要意义。

2. 景观方案设计阶段

设计单位在对庭院进行现场勘查后，就要结合现状分析情况对该庭院进行方案设计。此阶段又可细分为概念性设计、方案设计与扩初设计等三个阶段，是一个逐渐深化的过程。首先要确定景观整体设计风格，功能定位与分区，立意与总体设计构思，完成概念性设计；然后进行方案设计，确定整体景观布局与主要景点设计；再进行扩大性初步设计，对庭院景观进行详细的设计，确定庭院各景物具体形状、尺寸、材料、色彩等。对于小型庭院也可将几个阶段合并在一起完成。

方案设计阶段最终需要完成现状分析图、功能分区图、总平面图、竖向设计图、园路铺装设计图、建筑小品设计图、种植设计图、水景设计图、假山设计图、景观效果图、总体设计说明书等，另外还需完成初步的水电设计，并对工程造价进行估算。

3. 景观施工图设计阶段

施工图设计是对景观方案设计的进一步细化，也是后续现场施工、工程预算、工程决算的基础，需按国家制定的行业标准进行设计，并达到可供施工的设计深度。

该阶段设计成果主要包括以下内容：总平面图、总平面定位图、总平面索引图、竖向施工图、种植施工图及苗木表、建筑小品施工图、园路铺装施工图、假山施工图、水景施工图、给排水施工图、电气施工图、施工设计说明、工程预算等。

4. 景观施工配合阶段

在施工图交底后，景观设计师的施工配合工作经常会被忽略，但这个环节对于确保工程质量来说必不可少。一个优秀的庭院景观作品应是设计和施工的完美结合。设计人员在施工配合过程中，一方面要与施工人员做好设计内容的沟通工作，另一方面要及时解决施工现场出现的设计问题，做好设计变更与调整工作。

【思考与练习】

1. 庭院的主要类型有哪些？请结合具体例子进行阐述。

2. 庭院景观构成要素与空间类型有哪些？

3. 简述庭院景观设计的工作流程，各阶段主要工作内容与成果要求有哪些？

4. 根据与业主洽谈需要掌握的基本信息要求，制作一份私人别墅庭院景观设计业主问卷调查表。

庭院景观总体构思与布局

知识要求：

1. 掌握庭院实地勘查主要内容与现状分析的方法。
2. 掌握庭院景观设计定位与功能分区的方法。
3. 掌握庭院主要风格类型，庭院景观布局形式、布局风水、造景手法等。
4. 掌握庭院景观平面构图形式、基本元素及组合关系处理。

技能要求：

1. 能够根据实地勘查情况对庭院现状作出正确分析。
2. 能够对庭院景观进行合理的定位与功能分区。
3. 能够对庭院景观空间及构成要素进行整体构思与合理布局。
4. 能够根据庭院景观设计构思完成平面构图。

素质要求：

1. 养成认真分析问题的习惯与勤于思考的态度。
2. 养成良好的审美情操和创新意识。

 学习引言

"庭院景观总体构思与布局"项目在庭院景观设计过程中起到"提纲挈领"的作用，对庭院整体景观风貌的形成具有决定性的意义。它也是开展其他项目设计的基础，庭院中的山水地形、园路铺地、建筑小品及植物景观的详细设计都要紧紧围绕总体构思与布局展开，从而形成协调、统一的庭院景观。

本项目主要包括以下四个任务：

（1）庭院用地实地勘查与现状分析。
（2）庭院景观设计定位与功能分区。
（3）庭院景观整体布局设计。
（4）庭院景观平面构图设计。

任务一 庭院用地实地勘查与现状分析

庭院用地的实地勘查与现状分析是着手庭院景观设计的一个初始环节，它是营造符合现状用地场所性质与特征的庭院景观必不可少的环节。景观设计人员通过对庭院用地进行实地踏勘、测量、感受、分析，对庭院用地现状有整体的认识与把握。同时完成设计所需相关基础资料的收集，为后续工作提供可靠的依据。

【任务分析】

本任务主要包括以下三方面内容：

1）进行庭院实地勘查，了解庭院用地现状情况，收集设计所需基础资料，并对庭院平面尺寸及竖向标高进行复核。

2）对庭院用地现状作出正确的分析与评价。

3）绘制庭院景观现状分析图，简洁明了地表达用地现状及周边环境的情况。

【工作流程】

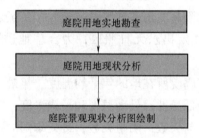

【基础知识】

一、实地勘查目的与意义

实地勘查目的与意义主要有以下几方面：

1）使设计人员能够尽快熟悉场地及周边环境，正确认识场地存在的问题以及优势，同时明确场地中所存在的限制性因素。

2）通过设计人员的实地观察与感受，把握庭院的特征，为景观设计提供"线索"与"钥匙"，以解决场地现存的各种问题。

3）在实地勘查过程中，核对、补充与收集设计必要的文字与图纸资料，使基础资料准确、充实、全面、可靠。

二、庭院用地基础资料

庭院用地基础资料主要包括以下四方面：

1. 自然条件：地形、水体、土壤、植被等

地形：庭院现状地形图是最基本的地形资料，在此基础上结合实地勘查进一步掌握现有地形的起伏与分布情况，各个区域用地的坡级情况，以及庭院地形的自然排水情况等；掌握庭院内部各主要区域竖向数据，如室内外地坪、庭院内外道路、绿地、水面及水底等标高。

水体：掌握庭院现有水面所在的位置、范围、平均水深及水质情况；常水位、最低水位和最高水位；水面岸线情况，如驳岸与护坡形式、稳定性等；地下水情况；园内水面与外水系的关系，包括流向、水位落差，各种水工设施的使用情况等；结合地形划分出汇水区，标明汇水点或排水体，主要汇水线。

土壤：掌握土壤的类型、结构；土壤的酸碱度（pH 值），有机物的含量；土壤的含水量、透水性；土壤的承载力、安息角；土壤冻土层深度、冻土期长短；地面受侵蚀状况等。

植被：掌握现状植被的种类、数量、位置以及可利用程度。一般庭院可以通过实地调查、测量定位，直接在现状图中进行标记，对其种类、位置、高度、长势等情况进行详细记录，尤其是值得保留的大树。

2. 气象资料：日照条件，温度，风向，降雨，小气候等

日照条件：不同纬度地区的太阳高度角不同。即使在同一地区，一年中各个季节日照情况也有较大差异。一般夏至太阳高度角和日照时数最大，冬至最小，因此可通过冬至阴影线定出永久日照区，夏至阴影线定出永无日照区，为合理地进行功能分区和种植设计提供依据。

温度、风向、降雨：掌握庭院所在地的年平均温度、年最低温度和最高温度；持续低温或高温阶段的历时天数；月最低温度、最高温度和平均温度；各月的风向和强度，夏季及冬季盛行风风向；年平均降雨量与天数，阴晴天数；最大暴雨的强度、历时等。

小气候：小气候是受地形、水体、植物、建筑等因素影响而形成的，庭院中小气候无处不在，如人们在水边、树下、铺地上对气流、温度、湿度等的感觉都有明显的不同。在勘查中要掌握庭院及周边环境所形成的小气候特点。

3. 建筑及其他设施：建筑物与构筑物、道路与铺地、各种管线等

建筑物与构筑物：掌握庭院现有建筑物与构筑物的功能与使用情况，建筑平面、基础平面、建筑立面、标高以及与道路的衔接情况；了解建筑门、窗、排水管的位置（特别是大门的位置与花园的关系），地下室位置、采光井位置及与外界的关系、屋顶出檐情况以及空调外机位置等；了解建筑室内布置情况。

道路与铺地：掌握现有道路的宽度、面层材料、平曲线及主要点的标高、排水形式、边沟形式与尺寸；了解现有铺地的位置、形状、大小、面层材料、标高、排水形式等。

各种管线：管线有地上和地下两部分，包括电线、电缆线、通信线、给水排水管、煤气管等。在勘查时要分清庭院中的管线类型，了解它们的位置、走向、长度，每种管线的管径和埋深以及一些技术参数。

4. 视觉质量：现状景观、周边环境、视线情况等

现状景观：掌握庭院中现有建筑、植被、水体、山体等景观的视觉特征，在现状平面图中标出具体景物的位置与标高，并对其形式、尺寸、高度、特点等进行记录。

周边环境：庭院周边环境为庭院景观提供了一个广阔的背景，通过勘查需掌握庭院外围景观的整体视觉特征，确定对庭院景观具有较大作用的外围景观的位置、距离、视线方向等。

视线情况：掌握庭院中各个区域的视觉感受，如空间开敞性、景观视觉效果等；掌握从建筑门窗向庭院观赏的视域范围，以及从庭院外围观察庭院的视线情况，确定需要强化的景观，或是需要遮挡的区域。

【实践操作】

一、天香庭院用地实地勘查

1. 基础资料收集

庭院用地基础资料有些可以通过相关部门查询得到，如庭院所在地区的气象资料、现状地形图、管线布置情况等，一般还可以通过甲方单位或其他有关部门获得该用地的现状平面图；有些资料可能不够完整，或与现状情况有所出入，则还需通过实测进行补充与校正；还有些基础资料必须通过实地勘查才能获取，如庭院现有植被情况、视线情况、周边环境情况等。通过对天香庭院的实地勘查，详细掌握该庭院的基础资料，包括自然条件、气象资料、建筑及其他设施、视觉质量等方面。

2. 现状平面图复核与绘制

除了前面该庭院用地基础资料的收集外，还需对其现状平面图进行复核与校正。对于现状平面图不够完善，或是平面位置、形状、尺寸、竖向标高等与现状有出入的地方需根据现场情况进行修改与调整。另外，对于不能提供现状平面图的庭院需进行现场实测，以获取基本的尺寸与标高数据，并绘制平面图。一般测量需借助卷尺、皮尺、经纬仪、水准仪及全站仪等进行，准确测量对后期施工图设计尤为重要。

天香庭院中围墙、水体、绿地、园路与铺地等景物的位置、尺寸、标高基本与图样相符。其别墅建筑进行了局部改造，与原有平面图有一定出入，需根据现状作出调整，如图 1-1 所示，该庭院复核与校正后的平面图，与图 0-4 相比，可见其别墅建筑内部格局作了较大的调整，一层主要作为会所的大堂、餐厅、厨房等使用。建筑东侧增设了阳光房，原建筑中间分隔的矮墙及一侧台阶已拆除。该别墅建筑一层室内地坪标高为 52.75m，南入口室外地坪标高为 51.70m，内外相差 1.05m。建筑北入口室外地坪标高为 52.60m，比园外道路高 0.15m。

二、天香庭院用地现状分析

庭院用地现状分析是建立在客观的调查与主观的评价基础上的，深入细致的分析有助于

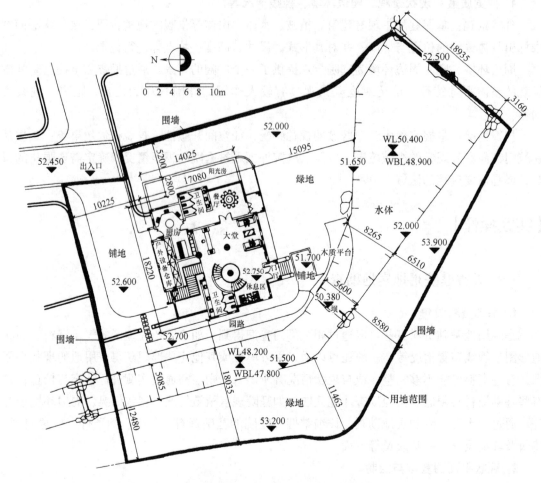

图1-1　复核与校正后的天香庭院平面图

庭院景观的合理规划与设计，下面对天香庭院用地现状进行分析。

1. 自然条件分析

（1）地形　天香庭院用地主要由平地、坡地与水体构成，如图1-2所示。别墅建筑及周边地势较为平坦，庭院西面与南面围墙周边的绿地呈较陡的斜坡状，水体以溪流的形式布置于平地与坡地之间，将庭院用地分成较独立的三个区域，形成平地—水体—绿地三段式格局。从目前天香庭院整体地形来看，水陆之间高差较大，变化过于突兀，缺少过渡与衔接，如图1-3所示；两侧绿地被水体分隔后缺少联系性，降低了使用性和实用价值，使庭院绿地面积显得比实际要小。

（2）水体　庭院内的水来自于东南处的水库，流入观光湖后，形成溪流流经天香庭院，并在庭院西南角转折向北流去，如图1-4所示。庭院内外水面由水坝分隔，坝顶标高为52.50m，庭院东南部的水面标高为50.40m，水底标高为48.90m，庭院西南角设置水坝将溪流分为两段，坝顶高度为50.38m，中部水面标高为48.20m，水底标高为47.80m，如图1-1所示。从实际勘查情况来看，此处水位与流量变化较大，水陆高差较大，在1.25～4.5m之

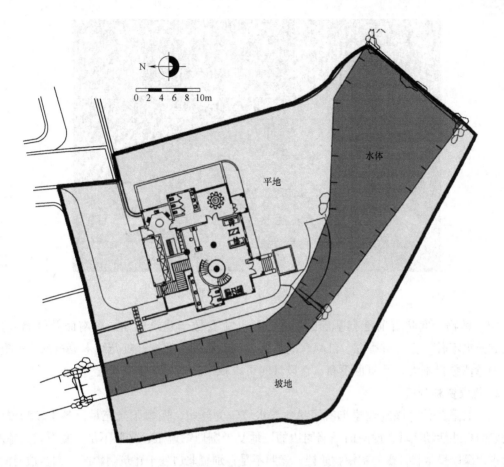

图 1-2　天香庭院用地构成

图 1-3　天香庭院现状地形

间，水深在 0.4~1.5m 之间，水底有一定的坡度。目前水体平面形状较为规则，需对其进行适当调整以增加美观性。而且，水库与观光湖面都积聚了大量的能量，当水直流而下时，将在庭院西南的转折处形成较大的冲击力。因此，还需要做一些缓冲设计，使水在流经过程中能量逐步递减。同时，该水体具有泄洪作用，必须保证一定的水深及水面大小以满足径流要求。

（3）土壤　天香庭院所处环境自然条件较好，园内土壤为黄土，也比较肥沃，不需要对土壤进行特别处理，基本能够满足植物栽植需要，只需根据造景的土方要求，进行适当的补充。

图1-4　天香庭院水体与周边水体关系

（4）植物　庭院目前已有基础的绿化栽植，主要位于建筑东面、东南面及围墙周边，但景观效果不佳，主要有香樟、红枫、鸡爪槭、红叶石楠、海桐、红花继木等植物，种类较多，但总体数量不大，品质也不高，在设计时可以根据造景要求重新布置。

2. 气象资料分析

（1）日照条件　该庭院建筑南面绿地与水域较为开敞，四季阳光充足，冬季较为温暖，是较好的户外活动区域；西南面围墙周边的坡地受外围植物遮蔽，光照不足，夏季较为凉爽；别墅东边绿地呈带状，受外围植物遮挡，光照不足；别墅北边处于建筑阴影区，大多数时间没有阳光；别墅西边由于没有太多遮挡，夏季阳光强烈，西晒较为强烈，如图1-5所示。

（2）风向　该地区夏季以东南风为主，目前庭院东南处有一开口与观光湖相通，这也形成了夏季风的通道，夏季风从湖面吹来，非常舒适；冬季寒冷的西北风较多，因此可以考虑在庭院西北部堆高地形，种植植物加以屏障，如图1-5所示。

3. 建筑及其他设施分析

（1）建筑与构筑物　该庭院别墅建筑坐北朝南（向东略偏），为简欧风格的双拼别墅，墙体整体色调为浅红色，下方贴深红色文化石，屋顶为深红色斜坡顶，图1-6a所示为改造前建筑南立面效果。业主增设了阳光房，拆除了一侧台阶，其建筑立面也有相应变化，如图1-6b所示。业主还对该别墅建筑的内部格局进行了改造以符合作为公司会所的使用要求，如图1-7所示。

该庭院构筑物主要有围墙、驳岸与拦水坝等。四周围墙主要采用矮墙、柱子及铁艺栏杆组合构成，景观效果与整体环境基本协调，可予以保留，如图1-8a所示；现庭院西北侧设有铁艺栏杆与大门作为花园入口，使空间显得比较局促，可予以拆除，或考虑将大门设置于庭院主入口处，以使庭院空间更为完整，如图1-8b所示；庭院驳岸与拦水坝主要采用块石浆砌而成，比较粗糙，景观效果不佳，需进行改造。

（2）道路和铺地　庭院北面为主要出入通道，此处还需考虑入口停车，因此要有较大

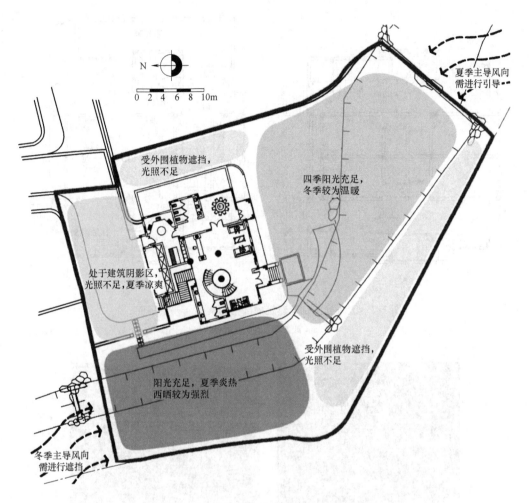

图 1-5　天香庭院日照条件及风向分析

图 1-6　天香庭院别墅建筑南立面效果

a）改造前　b）改造后

的铺装地。目前此块区域基本能够满足功能上的要求，只需在景观上加以改造。庭院内部交通主要是从北入口沿建筑西侧园路至建筑南入口铺地，临水处设置木质平台伸出水岸，此处园路及铺地可根据造景需要重新布设。目前水面对岸无路相通，活动范围显得比较小，可以

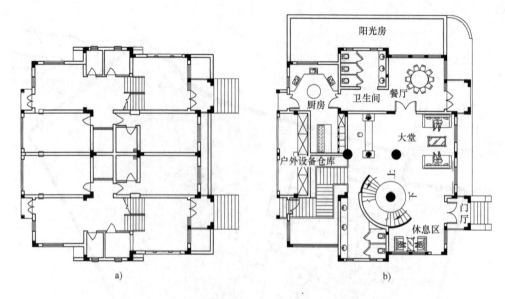

图 1-7　天香庭院别墅建筑内部格局调整（一层平面）

a）改造前　b）改造后

a）　　　　　　　　　　　　b）

图 1-8　天香庭院围墙现状

a）庭院四周围墙　b）花园入口围墙与大门

考虑对园路进行拓展。

（3）各种管线　目前庭院中各种管线基本地埋，在西北角有众多排水沟及阴井外露影响美观，需在设计中加以修饰。另外，在庭院西南角与西北角围墙外有较高的电线杆，有碍观瞻，需进行遮挡。

4. 视觉质量分析

（1）周边环境　天香庭院位于杭州生态园内，该园是集休闲度假、商务会议、生态人居三位一体的休闲度假园区，总面积为 $4.89km^2$，有山林、湖泊、花溪等自然景观，林幽水秀，风光优美，如图 1-9a 所示。因此，该庭院整体外环境非常好，周边青山绿水，郁郁葱葱的山林为庭院提供了一个良好的大环境。另外，庭院外围别墅区舒适宜人的绿化环境，为庭院提供良好的小环境，如图 1-9b 所示。

庭院南倚山麓，四周围墙围合，在东北角、西北角与东南角形成豁口。位于东北角的

"豁口"为庭院出入口，西北角与东南角"豁口"为水口，是内外水流的通道，如图 1-9c 所示，东南角的入水口，可以观赏远处湖光山色。庭院东面与北面均为其他住户庭院，建筑外观与天香庭院相同，如图 1-9d 所示。庭院西面为园区主干道，车流量较大，需进行噪声隔离。

图 1-9　天香庭院周边环境

a）杭州生态园景观　b）别墅区周边环境　c）庭院东南角水坝　d）周边别墅建筑

（2）视线情况　庭院各处的视线情况对景点设置及景观空间营造有较大的影响，而视线情况又受庭院面积及周边景物的制约，如图 1-10 所示，天香庭院视线情况：庭院南部面积最大，相对其他区域，此处视线较为开敞，加之东南角的水口形成较好的透景线，能够观赏远处的湖光山色，减少了南侧山麓对庭院空间的压迫感；庭院西南角视域较广，能够统观全园，是较好的观赏点；庭院西北角正对出入口，是设置入口对景较好的位置，同时该处视线可达庭院内外，具有过渡性；庭院西面、北面及东面设有围墙并种植植物与周边道路、住户分隔，但视线相通，需进行一定的遮挡以屏蔽视线。除了考虑庭院各处的视线情况外，还需注意从建筑内部观赏外围景观的视线情况。另外，庭院西南与东南角外围有较高的电线杆，需进行遮挡。

三、天香庭院景观现状分析图绘制

庭院景观现状分析图是全面表示出庭院用地范围内的各种因素现状特征的图纸，为合理利用场地提供最基本的依据。现状分析图可用一些简单的图线表示。其中不同区域用不规则的斑块或圆圈表示，如图 1-11a 所示；用星形或交叉形状代表重要节点，如图 1-11b 所示；用简单的带箭头线表示运动轨迹或视线情况，如图 1-11c 所示；用"之"字形线表示需屏障的地方，如图 1-11d 所示。

在了解现状分析图所表示的内容及表示方法后，可以根据前面对天香庭院用地现状情况的整体分析，绘制相应的景观现状分析图，如图 1-12 所示。

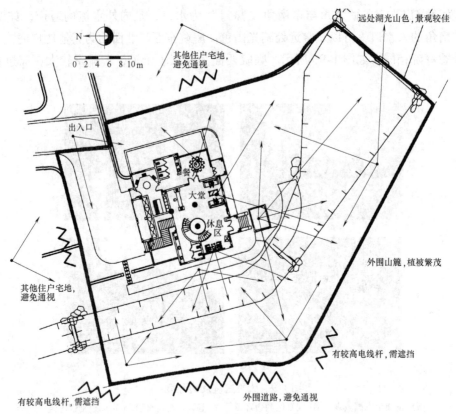

图 1-10　天香庭院视线分析

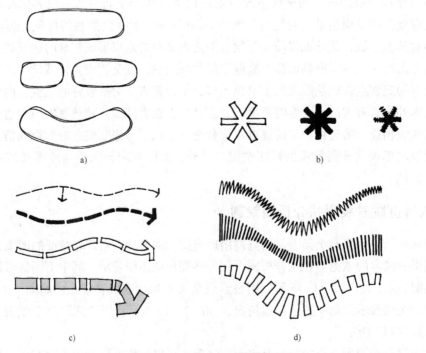

图 1-11　现状分析图图线表示方法

a) 不规则斑块　b) 星形　c) 带箭头线　d) "之"字形线

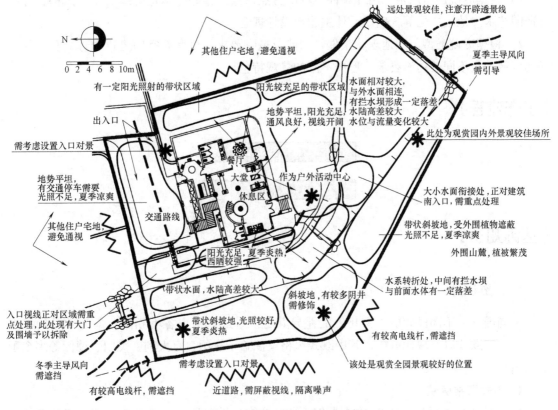

图 1-12 天香庭院景观现状分析图

【思考与练习】

1. 庭院实地勘查的目的与意义是什么？

2. 庭院实地勘查需掌握哪些基础资料？

3. 选择本地某个需进行景观建设或改造的庭院，对其进行实地勘查与现状分析，并绘制现状分析图。

任务二 庭院景观设计定位与功能分区

庭院景观设计定位主要是确定庭院景观设计风格、设计主题与设计理念；庭院景观功能分区则是将庭院分成若干个功能区域。它们在庭院景观设计过程中占有举足轻重的地位。如同写文章，通常先要确定主题，再划分段落，然后才是展开具体内容。庭院景观设计也是讲究"意在笔先"，首先要进行景观设计定位，再进行景观功能分区，然后才是整体景观布局与构图设计。

【任务分析】

本任务主要包括以下两方面内容：

1）根据庭院建筑风格、用地条件、场所特点及业主喜好等确定合理的设计风格，并结合造园艺术、地域文化等，确定设计主题与设计理念。

2）根据庭院类型、用地现状条件、功能及造景要求，对庭院空间进行合理划分，使不同的区域满足不同的功能要求，形成不同的景观特色。

【工作流程】

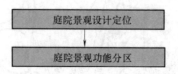

【基础知识】

一、庭院景观风格

不同国家、不同民族由于文化上的差异其庭院景观风格也各不相同，最为常见的有中式、日式、欧式以及现代风格，其中欧式风格又涵盖了法国、意大利、英国、德国等多个国家的风格。

1. 中式风格庭院

（1）传统中式风格　传统中式风格庭院深受传统哲学和绘画的影响，倾心于对自然美的追求，讲究"虽由人作，宛自天开"的境界。中式风格庭院又可细分为北方庭院、江南庭院及岭南庭院：北方庭院端庄、典雅；江南庭院清秀、雅致；岭南庭院秀丽、活泼，如图1-13所示。其中以江南写意山水庭院风格最具代表性。

图1-13　传统中式风格庭院

a）北方庭院　b）江南庭院　c）岭南庭院

中式风格庭院景观主要有以下特征：①本于自然，高于自然：在有限的空间范围，模拟与提炼大自然中的美景，创造出与自然协调共生的景观；②以山水景观为主：庭院通常以山水作为全园景观的构图中心，其他造园要素围绕山水布置；③建筑美与自然美相融糅：庭院建筑力求与山、水、植物等造园要素有机地组织在一起，达到人工美与自然美的高度统一；④讲究诗画情趣与意境的蕴涵：庭院景观营造注重寓情于景，情景交融，寓意于物，以物比德，庭院处处诗情画意，意境深远。

（2）新中式风格　新中式风格又称为现代中式风格，是中国传统风格揉入现代时尚元素的一种设计风格。这种风格的庭院通过将现代元素和传统元素有机地融合在一起，既保留了传统文化，又体现了时代特色。因此，此类庭院景观既有传统韵味，又符合现代人的审美情趣。

新中式风格庭院景观主要有以下特征：①采用传统的造园手法，结合现代景观元素，营造丰富多变的景观空间，如图 1-14a 所示，通过景墙、曲桥等进行空间的分隔，增加层次与景深效果；②运用具有中国传统韵味的色彩，如灰、白、黑、红、黄等，结合现代景观材料，营造多样的视觉效果，如图 1-14b 所示，白色的粉墙、红色的棚架、灰黑的景墙形成强烈的色彩对比，既有传统风韵，又具有时尚感；③将中国传统的元素融入具有现代感的外观形式中，如图 1-14c 所示，将传统建筑中的石狮作为景观小品运用于现代庭院；④注重传统植物的种植及植物空间的营造，如图 1-14d 所示，将竹子、荷花等传统植物运用于现代庭院。

a)　　　　　　　　　　　　　b)

c)　　　　　　　　　　　　　d)

图 1-14　新中式风格庭院

a）空间处理　b）色彩搭配　c）传统元素运用　d）植物配置

2. 日式风格庭院

日式风格庭院受中国传统文化的影响很深，亦崇尚自然，但在表现方式上逐渐摆脱了中式庭院的诗情画意和浪漫情趣，走向了枯、寂、佗的境界。日式风格庭院又可分为枯山水庭院、茶庭、池泉庭等多种形式，如图1-15所示。枯山水是日式风格庭院的精华，是以砂代水，以石代岛的做法，通过精细耙制的白砂石铺地、叠放有致的石组，表现海洋与岛屿，追求禅意的枯寂美；茶道庭院即茶室庭院，一般面积很小，通常以拙朴的步石象征崎岖的山间石径，以地上的矮松寓指茂盛的森林，以蹲踞式的洗手钵象征山泉，加之竹篱、石灯笼等共同营造清幽、寂静的茶道氛围；池泉庭以池泉为中心，布置山石、瀑布、溪流、桥、亭、榭等景观。

图1-15 日式风格庭院

a) 枯山水庭院 b) 茶庭 c) 池泉庭

日式风格庭院景观主要有以下特征：①庭院中通常以表现海洋、岛屿、瀑布、溪流以及置石等自然景观为主；②善于用质朴的素材、抽象的手法表达玄妙深邃的儒、释、道法理，体现出禅宗的意境；③自然、简洁、凝练、素雅，注重对自然的提炼与浓缩；④以山石、白砂、水体、建筑及具有禅宗意义的建筑小品等为主要造园要素，精心布局，形成日式风格庭院独特的景观；⑤植物配置师法自然，以常绿植物为主，注重四季变化，常绿植物与落叶植物比例通常在9∶1左右；⑥精于细节，注重对材料的选择。

3. 欧式风格庭院

欧式风格庭院受西方哲学基础、美学思想的影响，追求人工美、几何美，庭院景观规则而有序，通常由建筑统帅全园，布置规则形式的水体、大面积的草坪、修剪成几何形状的植物等，追求布局的对称性（图1-16）。这一方面反映西方人定胜天、人力能够改变自然、人工美高于自然美的哲学思想；另一方面反映数理主义美学，将一切都纳入到严格的几何制约关系中去。欧式庭院较为典型的有意大利式与法式庭院。在欧式庭院中，英式风格较为与众不同，通常以理性、客观的写实手法来表现景物的自然美。

图 1-16　欧式风格庭院

a）意式风格　b）法式风格　c）英式风格

（1）意式风格　意大利半岛多山地，其庭院景观呈现台地园式风格，如图 1-16a 所示。

意式风格庭院景观主要有以下特征：①在整体布置上采用整齐的格局和建筑设计的原则，通常会在沿山坡引出的一条中轴线上，开辟一层层的台地，设置花坛、喷泉、雕像等景观；②植物规整有序，沿中轴线的两边布置，以模纹绿丛植坛为主，而少用鲜花；③意式庭院中的水景一般是借地形台阶修成渠道，形成层层下跌的叠水景观；④庭院中较多运用石作，如台阶、平台、雕塑、花盆、亭、廊等一般用石材构筑。

（2）法式风格　受意大利规则式台地造园艺术的影响，故法式庭园也是规整而有序，不同的是法国以平原为主且多河流湖泊，因此在布局上更显庄重与典雅，如图 1-16b 所示。

法式风格庭院景观主要有以下特征：①有明显的中轴线，景物沿中轴线呈对称布局，有较强的图案效果；②沿轴线两边主要布置修剪整齐的常绿植物、静水池、喷泉、雕像、模纹花坛等景物；③庭院水景以水渠、静水池、喷泉等景观为主。

（3）英式风格　英式庭院与其他的欧式庭院有较大的区别，它讲究"自然天成"，注重各类花卉在庭院中的运用，如图 1-16c 所示。

英式风格庭院景观主要有以下特征：①追求自然之美，常以理性、客观的写实再现自然景观；②通常会借鉴风景画的原理把花园布置得如同大自然的一部分，形成自然风致式庭院；③庭院中常有自然的水池、蜿蜒的道路、起伏的草地，草地上点缀孤植树、树丛、树群等景观；④庭院常以植物景观为主，种类繁多，色彩丰富，并且注重花卉的布置，乃至形成主题花园，如"玫瑰园""百合园"等。

4. 现代风格庭院

现代风格庭院也是目前比较流行的一种风格类型，它摆脱了传统庭院程式化的束缚，不再刻意追求繁琐的装饰，追求良好的使用功能，强调平面布置与空间组织的自由性，注重形式美，尊重材料的特性，整体上表现出简约之美，如图 1-17 所示，采用不同的构图还会表现出不同的设计感，一种规则硬朗，另一种自由流畅，但都具有简洁明快的视觉效果。

现代风格庭院景观主要有以下特征：①采用以少胜多的手法，通过简洁的线条与形体，产生明快的空间感；②追求非对称构图，灵活多变，不拘一格；③色彩不多，但对比较为强烈；④注重植物个体的形式美；⑤注重新材料的应用以及传统材料的新用，突出材料的质感。

a)   b)

图 1-17   现代风格庭院

a）规则硬朗   b）自然流畅

二、别墅庭院结构

一般别墅庭院根据其用地结构可以分为前庭、后院与侧庭三个部分。

前庭位于主体建筑的前面，面临道路，一般较为宽畅，主要供人们出入交通使用，也是建筑物与道路之间的缓冲地带。前庭是主人和宾客进入住宅的必经之处，也是客人对住宅产生第一印象的地方，在视觉景观上有较高的要求。

后院往往是住宅庭院中最大的户外空间，也是家人休闲活动的主要场所。后院的使用功能比较复杂，除供家人休闲游乐外，也是招待亲友的好地方，此外还可以供体育锻炼及儿童游戏等使用。

侧庭是住宅两边较为狭窄的空间，一般是前庭到后院的通道空间，不在主视线范围内的侧庭有时可以用来作为存储空间使用。

三、庭院景观设计定位

1. 庭院景观设计风格定位

庭院景观的设计风格决定了庭院景观的总体风貌，因此明确庭院景观设计风格对后续的景观设计非常重要。庭院景观设计风格的确定主要受庭院建筑风格、用地条件、场所特点及业主喜好决定。

一般来说，庭院景观设计风格最好能够与主体建筑风格相统一，使两者形成呼应关系。每个庭院的用地条件和场所特点各不相同，其所适合营造的风格也会有所不同，如地形起伏变化较大的庭院采用中式或英式风格会比设计成法式风格更为合适。另外，由于不同业主的审美观点不同，其喜欢的风格也往往不同。因此，庭院景观设计风格最终要符合业主的喜好。

2. 庭院景观主题定位

主题即主题思想、核心理念。景观主题往往与具体的景物及艺术形象结合起来设置。庭院景观的主题是庭院景观的"灵魂"，它是设计构思的"源泉"，清晰明确的主题有助于形成充满个性的庭院景观。

庭院景观主题定位可从以下几点入手：

1）跳出设计范围，分析庭院所在的大区域的文化或社会背景，从文化角度入手设计主题，如中式庭院很多以"山水"作为主题，通常将假山、水池景观布置于庭院核心位置，这与中国传统思想及文化息息相关。

2）结合具体项目，从场地特色与功能入手，从庭院性质与特征方面找到可以切入的地方，如江南许多庭院中有可利用的水系，且较具特色，在设计中可以围绕"水"的主题，形成具有江南水乡韵味的庭院。

3）从使用者角度考虑，"以人为本"，从他们的喜好入手，进行适当提炼，如扬州"个园"以竹为主题，庭院中种植了各色竹子，连园名中的"个"字，也是取了竹字的半边，表现出园主对竹的喜好。

3. 庭院景观设计理念

随着现代庭院景观的发展，各种设计理念层出不穷，总的来说，主要表现在以下几个方面：

1）注重生态的设计理念。在庭院设计中贯穿生态理念，牢固树立"绿水青山就是金山银山"的意识，协调人与自然的关系，注重对环境的保护，设计本身不对环境造成影响和破坏，同时强调景观与整体环境的协调关系，尊重自然，顺应自然，回归自然。

2）注重场地的设计理念。尊重场地、因地制宜，设计过程中要善于认识与发现场所性质与特征，能够把握场地的内在精神，以此作为设计的基本出发点。

3）注重空间的设计理念。庭院景观主要由两部分内容组成：景观构成要素实体以及由实体构成的空间。庭院景观设计要注重空间结构和景观格局的塑造，对景观空间进行整体布局设计，避免形成各种景物的杂乱堆砌。

4）注重功能的设计理念。庭院景观是为人服务的，因此应"以人为本"，一方面满足人在使用功能上的各种需求，如活动、休憩、交流、健身等；另一方面满足人们精神上的需求，达到情景交融，陶冶情操。

5）注重文化的设计理念。在设计中融入地方文化，如传统文化、地域文化等，从而提升庭院景观的人文内涵与地域特色，同时也能彰显出人们的文化自信。

6）注重科学的设计理念。景观设计涉及面广，涉及多个学科，如生物学、生态学、土壤学、植物学、建筑学、心理学、美学等，因此需要综合考虑各个方面的因素，科学合理地进行设计。

7）注重简约的设计理念。简约并不是简单，而是对本质的深度挖掘和坦诚表现。简约理念强调高度概括、以少胜多的表现手法，以最少的元素表现景观最主要的特征。

8）注重个性的设计理念。个性是庭院景观呈现多样性和丰富性的保证。在私人庭院中，人们大多希望自己的庭院与众不同，因此在一个越来越强调个性发展和个人价值的社会，创造具有个性特征的庭院，在景观设计中越来越重要。

四、庭院景观功能分区

所谓分区就是将庭院分成若干个区域，以适应景观功能或主题组织等方面的需要，然后再对各个分区进行详细规划。庭院景观功能分区是形成景观基本格局的重要步骤，为接下来的空间组织、景观营造奠定了基础。

庭院景观根据分区规划的标准、要求不同，主要可分为景色分区和功能分区两种形式。

1）景色分区。将庭院中某类景观突出的各个区域划分出来，并拟定某一主题进行统一规划，如以草坪区、水景区、花卉区等特定景观为主题进行分区，又如以春、夏、秋、冬景观为主题进行分区等。

2）功能分区。将庭院用地按活动内容和功能需要来进行分区规划，使不同空间和区域满足不同的功能要求，如观赏区、健身区、休闲娱乐区、户外烧烤区、儿童游戏区、蔬菜种植区等。

下面以住宅庭院为例阐述庭院景观功能分区的方法：

1）根据使用功能要求分区。住宅庭院是家庭居住空间的延伸，具有休憩、聊天、健身、游戏、娱乐、晒衣、园艺、室外烹饪与就餐、招待朋友和储存杂物等功能。除此之外，庭院还有兼顾停车、交通组织要求。在设计时具体分析业主在使用功能上的需求，对庭院进行合理的功能安排。

2）根据业主或使用者的需要分区。家庭成员的结构及喜好对住宅庭院功能分区有一定的影响，如有幼儿家庭的庭院可以设置儿童游戏区域，有些家庭喜欢自己种些瓜果、蔬菜则可专门开辟一块蔬菜种植区。

3）根据用地情况合理分区。庭院用地状况对功能区域的设置与安排有较大的影响，如活动区与游戏区最好布置于平坦开敞的地方，而蔬菜种植区则最好布置于阳光充足、土壤肥沃并靠近水源的地方。另外，有些功能区域之间联系性较强可以布置得紧密些，有些功能上不相兼容的区域则应当分开设置。

【实践操作】

一、天香庭院景观设计定位

风格定位：天香庭院的别墅建筑为简欧风格，但业主更喜欢新中式风格庭院，因此，最终确定采用"新中式风格"，通过融入一些现代元素，使庭院景观与主体建筑相协调。

主题定位：天香庭院采用"神奇的水"作为主题，"水"是该庭院景观最基本的元素，也是最重要、最能表现该庭院场所特征的元素。在实地勘查中，设计人员发现在庭院西南角水系转折处水流较急，并有自然形成的漩涡现象，能够让人感受到大自然神奇的力量。由此确定以"神奇的水"作为该庭院的主题，并以各种形式的"漩涡"作为载体，运用到庭院景观设计中，使其贯穿于整个庭院中。

设计理念：天香庭院景观设计融合多种设计理念，尊重自然、尊重场地、注重对庭院空间的处理，从而营造出具有个性的庭院景观。

二、天香庭院景观功能分区

1. 天香庭院结构

天香庭院整体上可以分为前庭、后院与侧庭三个部分，如图 1-18 所示。前庭位于主体建筑前，紧临道路，较为狭长，是内外出入的主要空间；后院较为宽敞，有较大面积的水体与绿地，是户外休闲活动的主要场所；侧庭位于建筑两旁，东部侧庭较为狭窄，西部的侧庭面积相对较大，一方面要考虑作为前庭到后院的过渡空间，另一方面可结合别墅建筑形成室内外过渡空间。

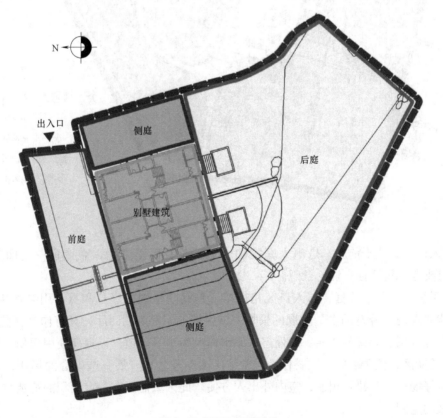

图 1-18　天香庭院结构

2. 景观功能分区

天香别墅及庭院是天香园林公司的会所，作为洽谈业务、公司客人住宿和举办一些小型聚会使用，同时也是公司展示自己作品的一个场所，在景观上要求有较高的观赏性。该庭院入口区要有较大的空间，方便停车与出入；需要有一个较大的休憩与活动区域可以作为聚会场所；另外还需有一定的观赏与游憩区域。

根据以上分析，如图 1-19 所示，可以将天香庭院分为以下几个区域：

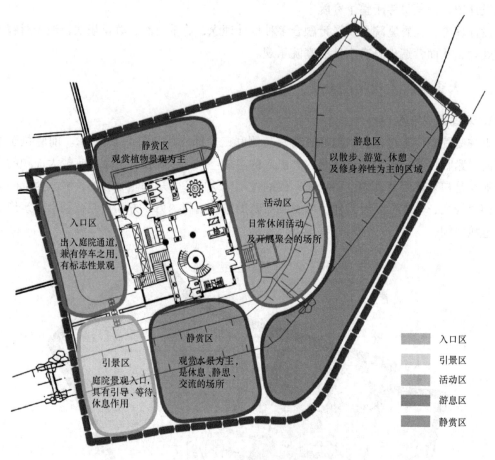

图 1-19　天香庭院功能分区图

1）入口区，位于前庭，是出入庭院的通道，兼有停车之用，需设置一定面积的铺装地，同时要考虑设置标志性的景观。

2）引景区，位于前庭，与入口区相衔接，是庭院景观的序幕和具有引导作用的区域，需布置能够表现"神奇的水"主题的景物。该区域如同庭院的门厅，具有作为庭院"玄关"的效果，也可用于等待与休息。此处需将原水体改为水系暗道，以提高使用面积与整体性。

3）活动区，位于后院，主要作为日常休闲活动及公司开展一些聚会的场所，也是户外交流的良好场所，与建筑相连，室内外出入方便。此区域需要有一定面积的铺装与草坪形成一个开敞的空间。

4）游憩区，位于后院，是以散步、游览、休憩及修身养性等功能为主的区域，也是面积最大的一个区域。此区应考虑适当布置一些休憩设施，形成一个可观可游的区域。

5）静赏区，位于两边侧庭，是较为安静、宁谧的区域，作为观赏、休息、静思、交流的场所。天香庭院中的静赏区有两处，西侧以观赏水景为主，东侧以观赏植物景观为主。

3. 功能分区图绘制

庭院景观功能分区图能够简明扼要地表达各区域的功能、位置及相互关系等情况。功能分区图一般采用泡泡图绘制，通常用圆圈或抽象的图形表示各功能区域，并用文字注解各区域的功能。在功能分区图绘制时要注意表示出各功能区域大概的位置和面积大小，它们相互之间的距离关系或内在联系等。根据上述绘制要求，结合前面对天香庭院各功能分区的构思绘制其功能分区图，如图 1-19 所示。

【思考与练习】

1. 庭院景观主要有哪些风格类型？不同风格庭院景观的有什么特点？
2. 庭院景观主题定位可以从哪些方面入手？庭院景观设计理念主要有哪些？
3. 庭院景观功能分区的主要形式有哪两类？请举例说明。
4. 某园林设计单位承接的一项独栋别墅庭院（20 号别墅庭院）景观设计项目，如图 1-20、图 1-21 所示，位于天香庭院东北角，建筑形式为简欧风格，业主要求庭院景观风格也为欧式（业主为一家三口，小孩 5 岁，平时常有朋友来家里聚会）。要求根据业主特点及用地情况，对该庭院进行景观设计定位与功能分区，并绘制该别墅庭院景观功能分区图。

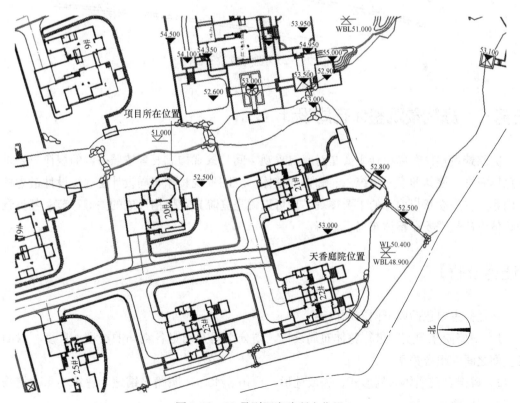

图 1-20　20 号别墅庭院所在位置

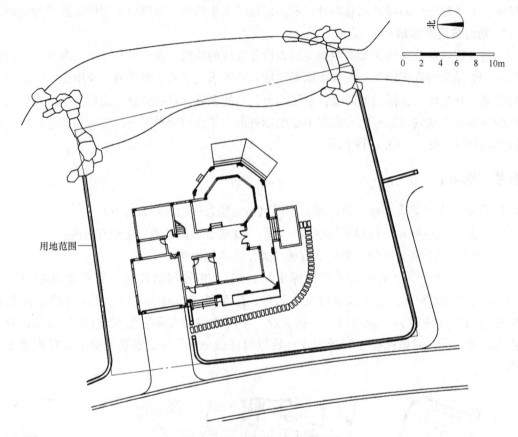

图 1-21　20 号别墅庭院平面图

任务三　庭院景观整体布局设计

庭院景观整体布局设计主要是对庭院景观空间与景观构成要素按照一定的规律与要求进行总体安排，使其形成一个统一、和谐的整体。庭院景观整体布局设计是庭院设计最为核心的内容，它是立意与构思的主要体现，也可以说是庭院景观架构形成的关键环节，各类景观的具体设计都需要在整体布局下进行。

【任务分析】

本任务主要包括以下两方面内容：

1）对庭院景观空间进行整体布局设计，划分空间并确定各空间的类型、尺度、封闭性及空间之间的组合关系。

2）确定庭院整体布局形式，完成地形、假山、水体、园路与铺地、建筑小品、植物等景观要素的整体布局。

【工作流程】

【基础知识】

一、庭院景观布局形式

由于庭院性质、景观风格、地域文化、用地条件等不同，其整体布局也往往呈现出不同的外观特征，从形式上可以归纳为规则式、自然式与混合式等布局形式。

1. 规则式布局

（1）总体布局特点　规则式庭院布局较为整齐、大方，在整体构图上多为几何图形，有较强的图案效果。规则式庭院分为规则对称式和规则不对称式。规则对称式布局在传统欧式庭院中运用较多，常采用"轴线对称法"进行布局，由纵横两条相互垂直的轴线形成控制全园布局的"十字架"，然后，由两主轴线再派生出若干次要的轴线，或相互垂直，或成放射状分布，将庭院分成左右、上下对称的几个部分。该类庭院庄重大气，给人以宁静、整洁、秩序井然的感觉，如图 1-22a 所示，为意大利兰特庄园庭院平面，呈严整的对称式布局。现代规则式庭院往往更多采用不对称式布局，庭院的两条轴线不在庭院的中心点相交，单种构成要素也常为奇数，不同几何形状的构成要素布局注重整体协调性而不强调对称与重复。相对于前者，后者打破了规则构图的呆板感，显得更为生动、活泼，如图 1-22b 所示，采用规则不对称式进行布局的别墅庭院，规则而不显呆板，稳重又不失轻快。

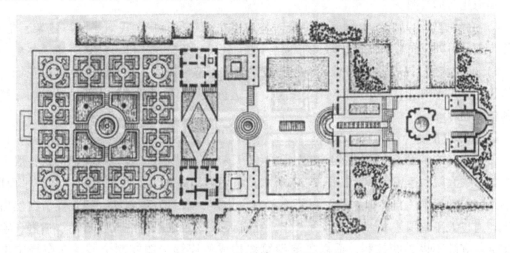

a)

图 1-22　规则式庭院布局

a）规则对称式

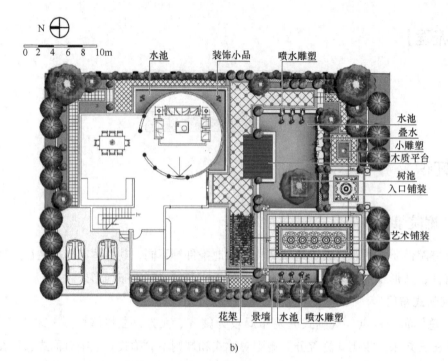

图 1-22　规则式庭院布局（续）

b）规则不对称式

（2）景观构成要素布局特点　规则式庭院在景观构成要素布局上有以下特点：

1）地形地貌处理上以平地、斜坡地和台地为主。

2）水体外形轮廓多为几何形构图，庭院水景有规则形水池、壁泉、喷泉与整形的瀑布叠水等，常以喷泉水池为主。

3）庭院园路多以直线、折线或几何曲线组成，构成方格状或环形放射状，铺装外形轮廓也多为几何形构图。

4）庭院建筑小品常结合轴线呈完全对称或不完全对称布局，建筑小品以棚架、花架、雕像为主，另外还布置座椅、花钵、瓶饰等小品。

5）庭院植物在布置上具有较强的图案效果，常以整形树木、模纹花坛、花丛花坛、绿篱等为主。树木配置以行列式和对称式为主，常进行整形修剪形成绿柱、绿墙、绿门、绿亭及其他植物绿雕。

2. 自然式布局

（1）总体布局特点　自然式庭院布局自由、灵活，在构图上多为不规则形，一般中式庭院与日式庭院中运用较多，如图 1-23 所示，采用自然式布局的某中式酒店庭院平面图。自然式庭院常采用"自然山水法"进行布局，以山体、水系为全园的骨架，模仿自然山水景观，通过人工造园艺术达到"虽由人作，宛自天开"的效果，给人以自然、恬静、含蓄的感觉。庭院不以轴线控制，而以主要游览线构成的连续构图控制全园，在布局中讲究"起、承、转、合"的空间变化。

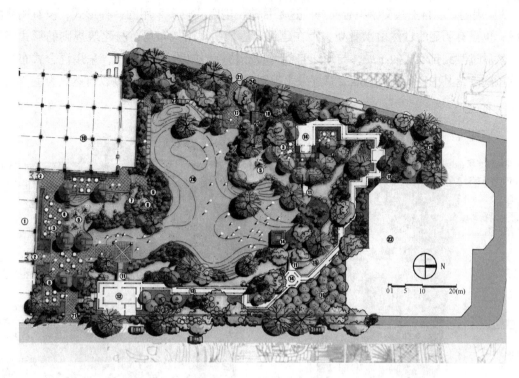

图 1-23　自然式庭院布局

1—酒店大堂　2—大堂出口　3—茶座　4—种植池　5—喷泉　6—售卖亭　7—涌泉　8—水系源头　9—景石　10—餐厅
11—石板桥　12—水榭　13—游廊　14—亭子　15—溪流　16—竹林　17—铺地　18—石板路　19—瀑布
20—草坪　21—出入口　22—室内网球场　23—休闲步道　24—围墙　25—垂花门

（2）景观构成要素布局特点　自然式庭院在景观构成要素布局上有以下特点：

1）地形地貌处理上常以自然或人工起伏的土丘为主，其断面一般为缓和的曲线。

2）水体外形轮廓线多为自然的曲线形，庭院水景有自然式水池、水潭、溪涧、涌泉与自然形的瀑布叠水等景观，常以瀑布水池为庭院主景。

3）庭院园路与铺装轮廓多为曲线构成的自然形。

4）庭院建筑小品常采取不对称均衡的布局手法以取得整体平衡，建筑小品以亭子、长廊、花架、景墙等为主。

5）庭院植物布局主要反映植物群落自然之美，不用规则修剪。树木配植以孤植树、树丛、树林为主，花卉布置以花丛、花群为主，另外还有桩景、盆景等，主要体现自然意趣。

3. 混合式布局

大部分庭院布局通常介于规则式与自然式之间，兼有两者的特点，这就是混合式庭院，这类庭院既整齐有序又得自然之趣。

该类庭院总体上有三种布局形式：

1）规则为主自然为辅，如整体布局为规则式，有明显的主轴，植物景观往往为自然式。

2）自然为主规则为辅，如整体布局为自然式，具有山水景观风貌，而局部区域采用规则布置形式。

3）规则式、自然式交错组合布局。这是目前住宅庭院较多采用的一种形式，没有明显的轴线，也没有明显的自然山水骨架。常在建筑周边采用规则式布局，与建筑规则的形式相统一，然后过渡到自然式的布局，与周边自然环境相协调，如图 1-24 所示，采用混合式布局的某别墅庭院，其中建筑周边铺地、草坪采用规则式布置，水池、乔灌木则以自然式为主。

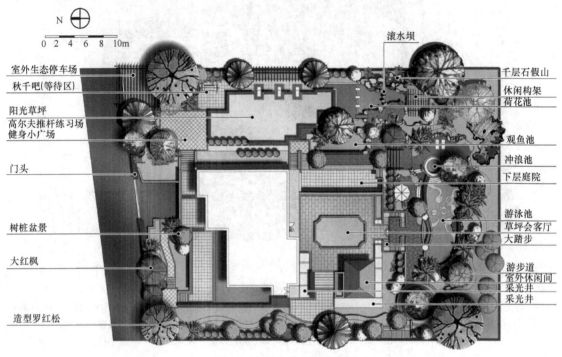

图 1-24　混合式庭院布局

二、庭院景观布局风水

"风水"是我国传统文化的产物，是中国传统宇宙观、自然观、环境观、审美观的一种反映，虽然其科学性长期以来争论不止，但风水理论能够指导人们对居住环境作出选择与优化，这是人们普遍认可的，且具有一定参考意义。我国传统造园理论与风水文化息息相关，现代人们由于各种原因，对庭院景观风水也越来越重视。

1. 庭院水景布局风水

水不但与人们的生活健康息息相关，又有较高的观赏价值。庭院中的水体有多种形式，如池塘、溪流、水潭、泳池、喷泉、瀑布、叠水、壁泉等，其中以水池最为常见。传统风水学认为"水旺财"，同时又讲究"藏风聚气"，而气"乘风则散，界水则止"，水又有聚气的作用，可见水之于风水是多么重要。因此，传统庭院中无论大小如何，通常都有各种类型的水景以营造良好的风水环境。风水中认为水的布局形式与吉凶有很大的关系，从现代景观学上理解则是对环境的优劣有较大影响。

在庭院水景布局时要注意以下几点：

1）庭院水系布局要注意曲折有致，让水系以柔和的曲线流经住宅前门，让建筑处于水的内弯处，形成所谓玉带环腰的风水效果，如图 1-25a 所示。

2）在设计池塘、喷水池、游泳池等水体时尽量将其设计成类圆形，并向住宅建筑微微倾斜内抱（圆方朝前），如图1-25b所示，如此设计从风水学角度讲，能够藏风聚气，增加居住空间的清新感和舒适感。

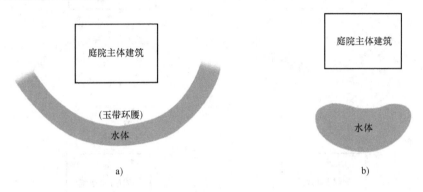

图1-25　庭院水景布局风水

a）玉带环腰　b）水池朝向（圆方朝前）

3）水系以动为佳，有动感的水能量会更强，因此在水景布置时可以结合溪流、喷泉、瀑布、叠水等景观。

4）在布局时要注意水面与住宅的距离，水面不要太接近住宅，否则，阳光容易折射反照入屋内的天花板，会令人觉得头晕目眩不利于健康。

5）水池的最佳方位是在庭院的东部、西部或东南部，但不能太靠近房门，以避免潮气入宅。

6）水池宜浅不宜深，水太深一方面有安全隐患，同时容易藏污纳垢、积聚秽气，不利居住者的身体健康。

2. 庭院园路布局风水

园路是庭院的脉络，它将其他景观构成要素联系成有机的整体。风水中认为道路为虚水，其作用与水相似，因此，它也形成了庭院中的气脉。

庭院园路布局时要注意以下几点：

1）庭院园路的布局可遵循水体曲折有致、环绕有情的布置手法。

2）园路布置可以呈圆形、半圆形或弧形围绕住宅建筑，如图1-26a所示，形成风水上的"腰带水"；可以迂回曲折布置形成"S字形"，又名"之字形"道路，在风水上属于大吉之路；还可以按"众水归堂"的形式布局，"堂"指建筑前的明堂，即建筑前方设置铺装，多条园路交汇此处，众"水"回旋有情，因此也叫做"漩堂水"。

3）在庭院园路布置时要避免出现反弓路、直冲路、剪刀路、断头路等，如图1-26b～图1-26d所示。道路像绷紧的弓一样对着住宅，长长的道路直冲住宅或是以剪刀形（Y字形）对着住宅，都容易引起居住者的恐慌和不安，不利于身心健康。

3. 庭院假山布局风水

我国传统造园中"山水景观"是必不可少的，有水能让庭院充满灵气，有山则让庭院充满秀气。山在庭院风水上有着重要作用，传统风水学认为山水相依能够"藏风聚气"，同

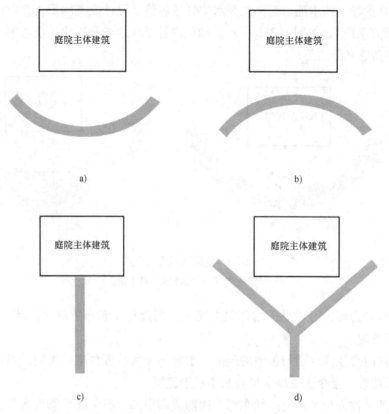

图 1-26　庭院园路布局风水

a）玉带环腰（正确）　b）反弓路（错误）　c）直冲路（错误）　d）剪刀路（错误）

时又有"山旺人丁"之说，因此人们喜欢在庭院中布置假山、景石以形成山环水抱的格局，营造"一峰则太华千寻，一勺则江湖万里"的意境。

庭院假山布局时要注意以下几点：

1）假山一般以设置于庭院西面、西北面、北面为佳，这一方面与我国西北高、东南低的地形有关，同时又能够遮挡冬季寒冷的西北风和夏季强烈的西晒。

2）在假山造型上要圆润可亲，不可怪石嶙峋、尖角乱冲，避免给人造成不安感。

3）无论是从风水学的角度考虑，还是从实用性的角度出发，庭院中不宜有过多的石头。庭院设置山石过多，夏天热辐射会增加，冬天则让人感觉更为寒冷，雨天会增加住宅的阴湿之气。另外，应根据庭院的面积大小进行假山与置石景观的布局，不可求多求全。

4. 庭院植物布局风水

植物能够使庭院充满生机与活力，传统风水学认为植物具有"藏水避风、陪萌地脉、化解煞气、增旺增吉"的作用，即通过树木能够化解不良风水场，是营造良好的庭院风水的重要环节。

庭院植物布局时要注意以下几点：

1）注意树种的选择。风水上认为植物分为凶吉两类，不利于身体健康以及树形怪异的树不能种植于庭院中，如夹竹桃的花朵有毒，花香容易使人昏睡不宜种于庭院中。吉树往往与寓意、谐音有关，如风水学者认为棕榈、橘树、竹、椿、槐树、桂花、梅、榕、枣、石榴、葡萄、海棠等植物为增吉植物，桃、柳、艾、银杏、柏、茱萸、无患子、葫芦等植物有化煞驱邪作用。

2）在栽种方位上传统风水学也有一些常用模式，如"东植桃柳，南植梅枣，西植桅榆，北植杏李"。这从植物学角度来说也是合理的，如东方首先迎接朝阳，柳发芽是比较早的植物，桃花也是开花较早的植物之一，故栽于东边是合理的，榆树生长迅速，树叶繁茂，能够遮挡西晒，因此栽在西面为宜。

3）在种植数量上则主张合理密度，庭院面积较大可以密植以减少空旷感，面积小则不可过多栽植树木而使庭院过于阴冷。

4）还可利用树木花草造成一种"左青龙、右白虎、前朱雀、后玄武"的格局，即房子后面栽植大乔木，左右两边栽中等乔木，前面栽低矮灌木或草坪。这种配置方式既符合美学要求具有较好的层次感，也符合人们寻找"风水宝地"的心理需求。

三、庭院造景手法

庭院除了满足人们各种使用功能外，还要为人们营造赏心悦目的景观。因此在景观构思与布局上要结合庭院造景艺术手法进行整体安排。庭院造景手法主要包括主景、配景、对景、障景、框景、夹景、漏景、添景、借景、点景等。

1. 主景与配景

每个庭院在景观配置上都要有主有次，合理设置主景与配景以形成一个有机的整体，否则景观就会显得杂乱无章因而失去协调感。主景能够形成庭院构图中心，起到提纲挈领的作用，配景则起到"绿叶衬红花"的作用，如图1-27a所示，位于留园东部庭院中的冠云峰为此庭院主景，而旁边的冠云亭，下边的冠云台及周边的植物则成为配景，形成主次分明、协调统一的景观效果。

在庭院景观设计时可以通过以下几种方法来突出主景：

1）主景升高或降低法。王维在山水画中提出"主峰最宜高耸，客山须是奔趋"即此道理。

2）轴线对称法。轴线的交点与端点往往是视线聚焦的地方，将主景布置此处具有较强的表现力。

3）动势向心法。这是把主景布置于周围景观的动势集中处的方法。

4）构图重心法。这是把主景布置于景观空间的几何中心或相对重心位置的方法。

5）渐变法。这是将主景放在空间序列高潮处，达到渐入佳境的效果的方法。

2. 对景与障景

对景中所谓"对"，就是相对之意，即从甲观赏点观赏乙观赏点，从乙观赏点观赏甲观赏点的景观或构景方法称为对景。庭院多在建筑与道路轴线端点、入口对面、道路转折处、池沼对面、休憩空间焦点等处设置对景，如图1-27b所示，以瓶饰形成的路口对景。对景往往是平面构图和立体造型的视觉中心，对整个景观设计起着主导作用。对景可以分为正对和互对。正对，指在视线的终点或轴线的一个端点设景成为正对，如在建筑轴线与道路轴线尽

图 1-27　庭院造景手法

a）主景与配景　b）对景　c）障景　d）框景　e）夹景　f）漏景　g）添景　h）借景

端处设置对景。互对，指在视点和视线的一端，或者在轴线的两端设景称为互对，此时，互对景物的视点与人流关系强调相互联系，互为对景。

障景也称为抑景，是指以遮挡视线为主要目的的景物。障景在庭院中起到组织与引导视线、增加空间层次感的作用，障景还能遮挡视觉效果不佳之处，如图 1-27c 所示，以景石、植物与围墙共同形成的障景。传统造园所讲的"欲扬先抑""俗则屏之"即采用障景手法。在许多院落，往往进入正门，就是一面屏风，即障景处理手法。

3. 框景与夹景

框景就是将景框在"镜框"中，如同一幅画，造园中常用建筑门窗、柱子、树木、山洞等来框取另一个空间的优美景色，把人的视线引到景框之内，如图 1-27d 所示，由圆门洞形成的框景。庭院中框景的运用主要有两种构成方式，一种是设框取景，犹如照相，预先有一个固定的框，然后在框中设置美景；另一种是对景设框，既已有较好的景致，于景物对面设框，将其收入框内。

夹景即两侧夹峙而中间观景的造景手法。庭院中常以树木、山石、建筑等将轴线两侧贫乏景观加以屏障，从而形成左右两侧较为封闭的狭长空间，以突出空间端部景观、加强景物感染力。夹景是运用轴线，透视线突出对景的手法之一，可增加园景的深远感，如图 1-27e 所示，由两旁边高低不同的植物形成的夹景。夹景同时也是组织与引导视线的一种方式。

4. 漏景与添景

漏景是从框景发展而来，利用漏窗、花墙、疏林树干等作前景，形成若隐若现的景观效果。漏景能够使庭院显得含蓄雅致，达到"犹抱琵琶半遮面"的效果，如图 1-27f 所示，通过移门栅格形成的漏景效果。在漏景处理上要注意静观与动观的结合，让人感到丰富的视觉变化。另外，框景是景色清楚，漏景则是若隐若现，若将两者结合起来运用，则能达到虚实相生的效果。

添景是在主景前面加植花草、树木或设置山石等，增加主景景深，使空间更加饱满和具有层次感，如图 1-27g 所示，由桃花与鸡爪槭所形成的添景，使该庭院空间层次更为丰富。

5. 借景与点景

借景即有意识地把园外的景物"借"到园内可观可感的范围中来，以达到丰富庭院景观与扩大空间感的作用，如图 1-27h 所示，拙政园将远处的北寺塔借入庭院之中，增加了空间层次感，丰富了天际线。庭院中借景手法的运用要注意观赏点和透景线的开辟。

借景主要可分为以下几类：①近借，即把园外近处的景物组织进来；②远借，即把园外远处的景物组织进来；③邻借，即把邻近园子的景物组织进来；④互借，两个园子彼此将对方景物组织入园；⑤仰借，即利用仰视借取的园外较高的景物；⑥俯借，在园中的高视点，俯瞰园外的景物；⑦应时借，指利用一年四季、一日之时，由大自然的变化和景物的配合而成的景观。

点景指以对联、额匾、题咏、石碑、石刻等形式来概括空间环境特征，起到借景抒情、托物言志、画龙点睛的作用。点景具有形象化、诗意化、意境化等特色，能够传递一定文化信息和哲学思想。在庭院点景处理上要注意恰到好处，不要矫揉造作。

【实践操作】

一、天香庭院景观空间设计

庭院景观设计是一种特定环境的设计，也可是说是一种"空间设计"，主要目的在于为

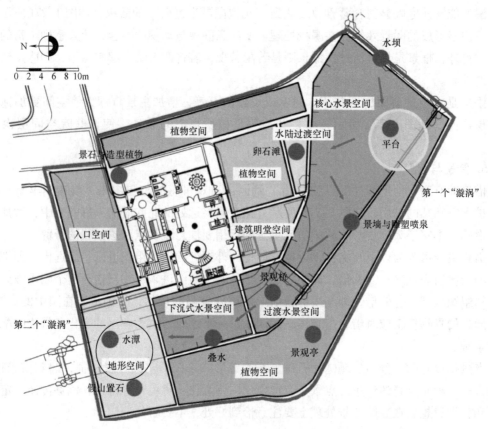

使用者提供一个舒适、优美的活动与休憩的场所。在庭院空间设计中既要考虑每个独立空间本身的这些基本构成要素设计，又要注意整体环境中诸空间之间的关系，如空间对比、渗透、层次、序列等。

1. 确定庭院景观空间类型与主要景观

庭院中不同空间往往表现出不同的特质与功能，这些主要由空间的类型及所构成的主景来决定。因此，庭院景观空间设计首先要确定各个空间的类型，是开敞、半开敞或是私密空间，是静态空间还是动态空间，是以地形为主的空间还是以水体、植物、建筑小品等为主的空间。然后对构成空间"地面""墙面""顶面"的形态、色彩及质感等进行进一步的设计。空间中的主景对空间性质与特点有较大的影响，在确定空间类型的同时，需对每个空间的主要景观进行确定。

天香庭院主要有入口空间、地形空间、水景空间、植物空间、水陆过渡空间及建筑明堂空间等类型，如图 1-28 所示。

图 1-28 天香庭院空间类型及主要景观

1）庭院入口处设置铺装地形成入口空间，通过黑松与景石形成入口标志性的景观。

2）建筑西北角设置为以假山置石为主的地形空间，形成入口空间的对景，假山下面的矮墙与铺装采用漩涡形构图，表现庭院主题。漩涡中心设置人工水潭，通过一定处理可以形成真正的漩涡效果。

3）该庭院中的水景空间及景观类型较为丰富，主要布置如下：

a. 核心水景空间。南面设置水池，形成开敞的水景空间，也是庭院最为核心的空间，既能动观又能静赏。主要景观有景墙、金蟾吐水雕塑喷泉、亲水平台等。在该空间设置表现庭院主题的"漩涡"，与之前的"漩涡"相呼应，漩涡中心为一处亲水平台。该"漩涡"中心能够产生一种"空灵"的境界，从而营造一个静思的场所。

b. 下沉式水景空间。庭院西面溪流处水陆高差大，且与别墅建筑地下室相隔较近，而别墅地下室目前完全封闭，较为压抑。此处可开辟为一个独立的下沉式水景空间，与地下室相通，通过叠水解决空间高差问题并形成该空间主景。该空间又可作为地下室的采光井，从地下室茶厅观赏水景，能形成较具禅意的空间氛围。

c. 过渡水景空间。该空间位于核心水景空间与下沉式水景空间之间，庭院溪流在此转折，并形成一定的落差，因此此处需设置一个过渡与衔接水景空间。该空间以景观桥为核心，整体空间模拟自然界水体冲刷所形成的水蚀洞壑景观，核心水池的水体通过该处进入暗道。另外该空间也是出于泄洪功能考虑而设置的一个空间。

4）庭院中的植物空间有两种不同类型，一种是沿围墙边呈带状设置的较封闭的植物空间；一种是设置于建筑南面，以草坪为主形成较开敞的植物空间。在植物空间西南地势较高处设置休憩亭，与两个"漩涡"互为对景，形成庭院中最佳的观赏点。

5）在以草坪为主的植物空间与水景空间衔接处，设置卵石滩形成两者的过渡空间。同时该卵石滩位于第一个"漩涡"的对岸，与弧形堤共同形成水流反弹后的波浪效果。

6）建筑南面入口设置铺装地形成建筑明堂空间，作为一个开敞的活动场所。

整体空间及景观设置与水流方向形成一种呼应关系，如水流从拦水坝而下首先形成第一个"漩涡"——→反弹到对面石滩——→再反弹到对面景墙——→再通过景观桥（进入暗道）——→再到下沉庭院瀑布叠水（独立设置的水体）——→以第二个"漩涡"结束。

2. 确定庭院景观空间大小尺度

庭院中每个空间的大小面积及尺度应视其类型及在庭院中的功能要求和赏景要求而定。大尺度的庭院空间较为大气，小尺度的庭院空间则亲切宜人。因此，在设计时要根据各个不同空间的性质进行尺度的把握，如天香庭院中作为活动空间的建筑明堂、庭院核心水景空间及草坪休憩空间面积较大，这几个空间又相互衔接成一个大空间。

庭院景观空间尺度还与人在空间中的观赏视角（视线与景物的垂直方向所成的角度）与视距（观赏点到景物之间的距离）有很大的关系。当人的观赏点位于景物高度3倍距离（垂直视角为18°）是全景最佳视距；位于景物高度2倍距离（垂直视角为27°）是景物主体最佳视距；位于景物高度1倍距离（垂直视角为45°）是景物细部最佳视距，如图1-29所示。因此，在庭院空间中需根据主景的观赏要求进行合理的尺度控制。如天香庭院在下沉式水景空间设计时，特别注意空间尺度的把握。该空间以二级叠水为主，因此对叠水台的高度及与地下室外廊距离的把握非常重要，尽量使观赏角保持在27°～45°之间，以达到整体观赏与局部观赏的最佳效果。

3. 庭院景观空间封闭性设计

景观的围合程度大小与空间封闭性有着紧密的联系，主要反映在围合的垂直要素高度、

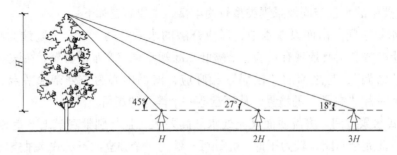

图 1-29　不同视距与景观高度的关系

密实度和连续性等方面。景物高度分为绝对高度和相对高度，绝对高度指景物实际高度，相对高度指景物的实际高度和视距的比值，通常用高宽比 D/H 表示，比值越大空间越开敞，当 $D/H < 1$ 时空间封闭。因此，在设计时要确定庭院主要景观空间的景物高度与观赏视距之间的关系，如天香庭院下沉式的水景空间 D/H 取值在 $1 \sim 2$ 之间；东南部水景空间 D/H 取值在 3 左右。另外，围合物的密实度和连续性也影响空间封闭性，同样的高度，围合物越通透，内外渗透就越强，封闭性就越差。

4. 庭院景观空间组合设计

景观空间的合理组合能够使空间既丰富多变，又统一协调。庭院景观空间组合设计主要包括景观空间的序列、对比、过渡、渗透等设计。

（1）景观空间序列设计　当将一系列庭院景观空间组织在一起时，首先要考虑空间的整体序列关系。在空间序列设计上需将各个独立空间组织成为一个连续、有变化、协调统一的空间体系，就像写文章一样有"起、承、转、合"的变化。庭院景观序列设计需结合人们的观赏路线进行考虑，通过空间与景物的层层展开，使人们在游览过程中的情感体验也不断发生变化。

天香庭院景观空间呈起、承、转、合的序列布置，如图 1-30 所示。该庭院以第二个"漩涡"所在的空间作为起景空间，展开庭院景观的序曲；然后承接到下沉式的水景空间；再通过景观桥所在的过渡水景空间进行转折；最后到第一个"漩涡"所在的核心水景空间。该庭院的空间序列及观赏路线与庭院内水流方向刚好相反，能够营造逆水而行的"溯源"的意境。

（2）景观空间的对比设计　庭院景观空间对比主要是通过对两个毗邻的景观空间在某一方面或几方面进行对比，如大小、明暗、形状、方向、动静、开敞程度等，从而使人们从一个空间进入另一空间时产生视觉上的美感与情绪上的悦感，达到丰富空间变化的效果，如天香庭院东南部的大水景空间与下沉式的小水景空间之间的大小对比，草坪空间与密林空间之间开敞与封闭的对比等。在多个景观空间组合时，可以将最主要的空间作为庭院布局的中心，周边辅以若干中小空间，达到相互对比和主次分明的效果。

（3）景观空间的过渡设计　庭院中两个空间如果差异较大，直接连通会产生较为突然的感觉，可以通过一些过渡空间进行衔接。例如，当人从一个大空间到另一个大空间，可以在中间衔接一些中小空间进行过渡，让其先感觉从大到小，再从小到大的过渡，如前述天香庭院水景过渡空间、水陆过渡空间的设置。

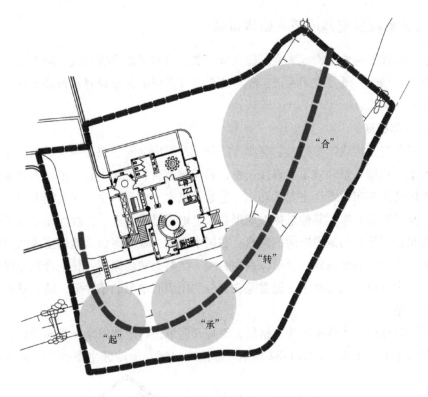

图 1-30　天香庭院景观空间序列

（4）景观空间的渗透设计　庭院中两个相邻空间进行分隔处理时，不能将两者完全隔绝，而是要有意识地使之部分连通，使两个空间彼此渗透，达到"你中有我，我中有你"的效果。庭院景观空间在渗透设计时要注意透景线的开辟，让视线得以延伸，从而丰富庭院空间的层次感。如天香庭院内外空间的渗透设计遵循"嘉则收之，俗则屏之"的原则，将园外的水面及山林收入园中，形成内外空间的渗透，如图 1-31a。除了庭院内外空间的渗透外，还需注意园内相邻空间之间的渗透关系处理，如图 1-31b 所示，入口空间与东侧植物空间之间的渗透处理。

a)

b)

图 1-31　天香庭院景观空间渗透设计

a）内外空间渗透设计　b）相邻空间渗透设计

二、天香庭院景观构成要素整体布局

庭院景观设计中各景观构成要素既能自成景观，同时又能相辅相成地构成统一变化的整体。因此整体布局时，既要统筹考虑、整体协调，又要根据各景观要素布局要点单独对每项内容进行整体布局设计。

1. 地形整体布局

地形是庭院空间构成的基础，它是庭院的骨架，形成全园景观的基底。地形的布局与庭院性质、形式、功能、景观效果有直接关系，影响着园路、建筑小品、植物等要素的布局。

庭院整体地形的布局设计主要从功能、造景及风水三方面入手。在功能方面，要满足各功能区域本身对地形要求、其他景物对地形要求、地形排水要求、管线埋设要求等；在造景方面，要满足地形景观与地形空间的营造；在风水方面，要考虑山水地形整体布局风水。

整体地形布局需因地制宜，遵循以利用为主、改造为辅的原则，科学合理地规则。现代庭院一般不做大规模的地形改造，通常是在充分利用原有地形的条件下，结合景观与功能需要进行局部改造。

天香庭院整体地形大体保留原有格局，对局部区域进行改造以增加竖向变化，以满足功能、造景及风水上的要求，如图 1-32 所示。庭院入口区及活动区主要由平地构成；庭院西

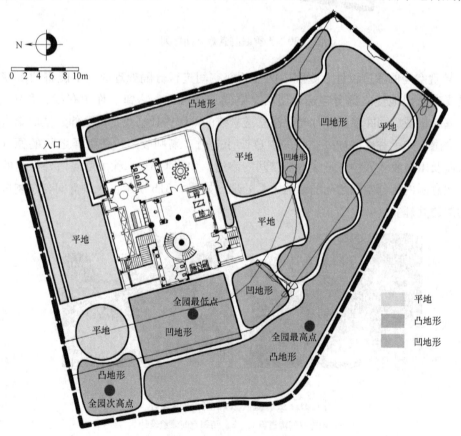

图 1-32 天香庭院地形布局设计

南角原有地势较高，通过少量土石堆叠便形成庭院的制高点，并在其上设置景观亭，形成控制全园的作用；庭院次高点位于引景区假山所在的位置；庭院水池以东南部面积最大，静赏区中水池独立设置，其水池底部位置作为全园景观最低点。庭院东侧围墙周边结合植物造景进行微地形设计。庭院整体地形西北、西南高、东南低，既能遮挡冬季寒冷的西北风，引导凉爽的夏季主导风，又符合传统地形布局风水。

2. 假山整体布局

假山主要有土山、石山与土石山。根据布局位置不同，可形成池山（位于池中或池畔）、庭山（位于庭院一隅）、壁山（依附围墙或嵌于围墙表面）、楼山（与建筑衔接）等景观。

假山整体布局应充分考虑庭院环境条件、造园的主题，结合整体地形进行设计，主要从假山类型、位置、整体形态等三方面进行考虑。假山类型选择应结合具体庭院条件而定，如庭院面积小者可选择石山，面积大者可土石结合，现代庭院很少有完全的土山。假山可以布置于全园重心位置，也可以布置于庭院一侧，在布置时要注意观赏点的观赏视距与视角。尽管不同类型假山布局上有很大的差异，但在整体形态上都讲究山的脉络气势的营造，主山、副山、余脉之间的呼应，从而达到"高远""深远""平远"的三远效果。

天香庭院假山结合整体地形进行设计，采用土石结合的形式，体量不大，形式多样，如图 1-33、图 1-34 所示，假山平面布局及竣工后的实景效果。该庭院西北角堆叠土石形成假

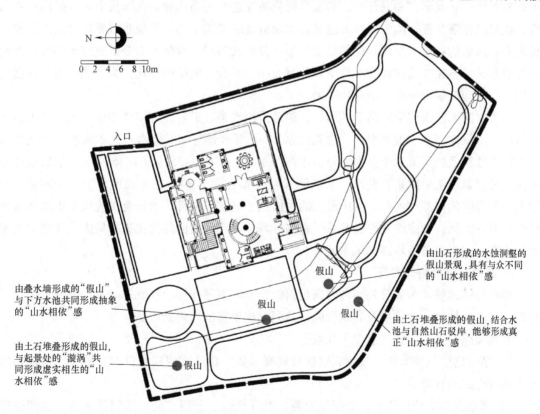

图 1-33　天香庭院假山平面布局

  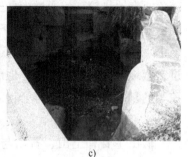

a)   b)   c)

图 1-34　天香庭院假山景观

a) 抽象的假山　b) 真实的假山　b) 假山洞壑

山作为入口对景，同时使起景处的"漩涡"形成水的遐想，与假山共同形成虚实相生的"山水相依"感；庭院西侧静赏区的叠水墙可设为抽象的假山，简洁、凝练，与下方水池形成抽象的"山水相依"感；庭院西南角景观亭处通过高起的地形，结合水池与自然山石驳岸，形成真正"山水相依"感。另外，在景观桥周边的水蚀洞壑景观的假山，是能够感受大自然力量的假山，创造与众不同的"山水相依"感。

3. 水景整体布局

庭院水景整体布局设计主要是确定水体类型、位置、布局形式及风水等。庭院水体布局形式有自然式、规则式和混合式，需根据庭院情况进行适当选择。在布置上可以采用集中布置，也可以分散布置。集中式布局通常以水面为庭院景观中心，其他景观要素沿水面形成一种向心、内聚的格局，呈现开朗的视觉效果；分散式布局一般将水面分散成若干部分，彼此相互联系又各自独立，使庭院水景空间具有大小、开合、明暗的变化；集中式水面与分散式水面相结合，能够形成强烈的对比效果。

天香庭院水系采用明暗结合的形式，局部采用水系暗道与园外水体相通。该庭院水景主要有核心水景空间的水池及喷泉（金蟾吐水）、下沉水景空间的叠水与艺术水池、过渡水景空间的水蚀洞及位于第二个漩涡中心的水潭等组成，如图 1-35、图 1-36 所示，水景整体布局及部分水景竣工后效果，叠水、水蚀洞景观可参看图 1-34。在布局风水上，一方面，水池布置于庭院的南部与西部，其中最大的水面位于庭院东南部，这符合传统风水中水体布置位置；另一方面，考虑改变原有水系平直的外观，以流畅的曲线为主进行构图，让建筑处于水的内弯处，形成玉带环腰的风水效果。

4. 园路与铺地整体布局

园路与铺地整体布局首先要考虑满足组织交通和引导作用，在此基础上结合造景艺术与地形、水体、植物、建筑物及其他设施，共同形成丰富的庭院景观。

庭院园路整体布局要注意以下几点：

1）结合庭院风格布置，规则式庭院宜规则布置，自然式庭院宜自然布置，也可根据情况采用混合式布置方法。

2）满足其基本功能要求，如组织交通、引导视线、分隔空间、组织排水等，在园路整体布局时还应考虑为排水和供电工程打下基础。

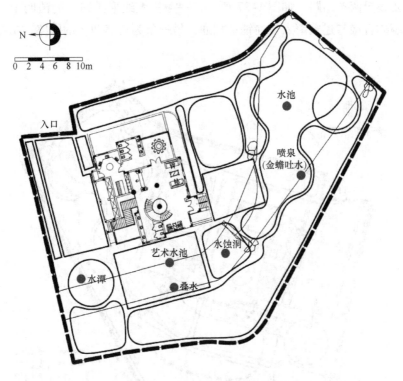

图 1-35　天香庭院水景整体布局

a)　　　　　　　　　　　　　　　　b)

图 1-36　天香庭院部分水景

a）东南部水池　b）景墙及喷泉

3）因地制宜，随地形、地貌、地物而变化，因需设路、因景设路，自然流畅，美观协调。布置时注意沿着园路行走过程中的视线变化及景观效果。

4）配合地形、植物、山石、建筑其他造景要素，形成良好景观，或创造出一定的氛围与意境。

5）注意园路布置的多样性，在庭院及建筑出入口处可以设置成铺装地，在水边可以转化为亲水平台，在水中转化为桥、汀步等多种形式。

天香庭院铺地主要与建筑南北入口衔接，采用规则式构图与建筑形体保持统一。另外亲水平台、卵石滩等也是铺地的组合部分。庭院中的园路主要从交通联系与游憩散步两方面考虑，因此主要设置两条园路，如图 1-37 所示：一条为直线形园路，简洁明了，从庭院入口沿建筑西面墙体直接与建筑南入口前铺地相通；另一条为自然曲折的园路，贯穿庭院主要游憩与活动区。

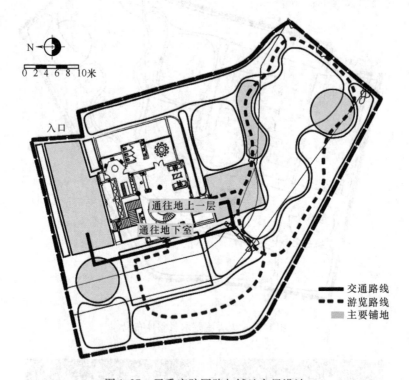

图 1-37　天香庭院园路与铺地布局设计

5. 建筑小品整体布局

庭院建筑小品在进行整体布局时，要同时考虑使用功能与造景的需要，因地制宜合理布置。庭院中建筑小品的风格、数量、体量、造型、色彩及具体的布置位置需根据整体环境进行统一考虑。在布局上应有主有次，相互呼应，同时形成一定的序列关系。一般来讲，亭子、花架等既有使用功能又有观赏性的建筑在满足功能的前提下尽可能设置在景观较好的地方，同时要考虑人在这些地方休憩时的视线与视觉效果，以及不同建筑之间的视觉关系；雕塑等具有较高观赏性的建筑小品一般可以设置于视线焦点处；廊、墙、栏杆等建筑小品在整体布局时还可以考虑作为组织空间与划分空间的手段。

天香庭院建筑小品数量不多，主要有景观亭、景墙、金蟾吐水雕塑等，布置于庭院中较为核心的位置，前面庭院空间及主要景观设置中已有所阐述，如图 1-28 所示。其中景观亭位于庭院中的制高点，形成全园景观的视觉重心，对全园景观起到很好的组织作用。景墙呈弧形与建筑南入口相对，四只金蟾吐水雕塑结合喷泉布置于景墙前共同形成建筑南入口的对景。另外，根据需要设置一些实用性的园林建筑小品，如栏杆、矮墙、种植池等。

6. 植物整体布局

庭院植物整体布局时要根据造景要求及场地条件合理选择植物材料的类型、布置位置及布置形式。首先要根据庭院的特征确定主调、基调与配调植物，明确一年四季所形成的植物景观的效果。在此基础上明确不同区域的植物种类及不同植物的搭配关系，整体上形成疏密有致、层次丰富的植物景观效果。在整体布局时要注意植物空间的营造、色彩的搭配、季相的变化，同时要注意植物个体美与群体美的表现。另外，庭院植物布局应与道路、建筑、水体等其他景观要素统筹考虑，如道路形式不同，植物布置形式也有所不同。

天香庭院四周青山环绕，郁郁葱葱，形成了一个大的绿色背景。因此庭院中的主调植物可以采用落叶树为主，如银杏、梅花等，以形成色彩和季相的变化。另外，黑松等造型植物也可以形成庭院局部空间的主调植物，以营造特定的氛围。基调植物则以常绿的桂花为主，使庭院绿意盎然，庭院中各种灌木球主要作为配调以丰富植物景观层次。

庭院四周乔灌木搭配成自然群落状，与外围环境相协调；庭院中部布置草坪与铺地、水池共同形成开敞的空间；建筑与草坪衔接处则配置花境形成较好的过渡；建筑西侧以常绿乔灌木为主，以形成较好的遮阴效果；水体边缘布置水生植物，形成水陆间良好的过渡关系，同时也能够增加生物多样性，如图1-38、图1-39所示，庭院植物景观整体布局及部分植物景观竣工后效果。

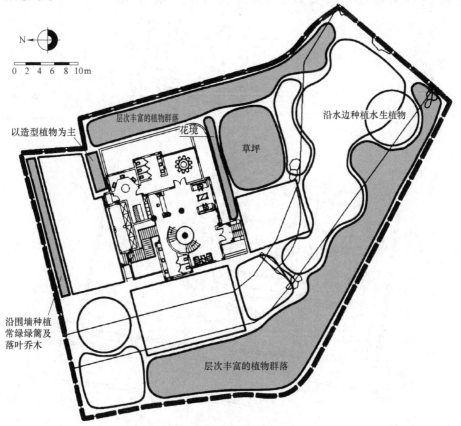

图1-38　天香庭院植物景观整体布局

a)   b)   c)   d)

图 1-39　天香庭院部分植物景观

a）庭院周边及中部植物　b）建筑墙基花境　c）建筑西侧常绿乔灌木　d）水体边缘水生植物

【思考与练习】

1. 庭院景观布局形式有哪些？分别有什么特点？

2. 庭院景观风水对庭院整体布局有哪些影响？

3. 实地参观本地景观较好的庭院，分析其造景手法的运用及景观空间的处理。

4. 庭院山水景观、园路铺装、建筑小品、植物景观整体布局要点是什么？

5. 前面的练习中已完成了 20 号别墅庭院的景观设计定位与功能分区，在此基础上对该庭院景观进行整体布局设计，该庭院平面尺寸图如图 1-40 所示。

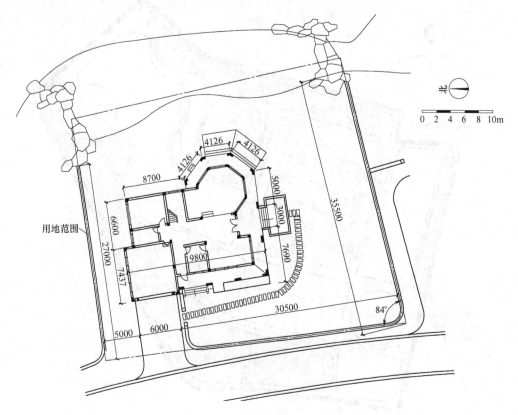

图 1-40　20 号别墅庭院平面尺寸图

任务四　庭院景观平面构图设计

构图是从概念到形式的过程，在这一过程中，对于庭院景观的各种构思与想法将以具体的图形、图线表达出来。庭院景观的平面构图主要是通过点、线、面等基本造型元素表达出各景观构成要素的平面形状及相互关系。庭院景观平面构图要符合形式美的原则，始终围绕景观构思与布局展开，从而使功能与形式得到统一。

【任务分析】

本任务主要包括以下三方面内容：

1）根据庭院景观整体布局形式确定庭院景观平面构图的基本形式。

2）确定庭院景观平面构成的主要图形与图线，并按形式美法则对庭院景观构成要素进行平面构图，使庭院景观的各种构想通过具体的图形与图线加以表达。

3）根据国家制图标准绘制庭院景观总平面图。

【工作流程】

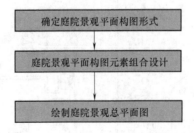

【基础知识】

一、庭院景观平面构图形式

庭院景观平面构图设计与整体布局设计往往相辅相成，共同形成和谐、美观的庭院景观。庭院景观整体布局形式制约着平面构图形式，两者达成形式上的统一。

与庭院景观整体布局形式相对应，庭院景观平面构图形式也有规则式、自然式与混合式之分，规则式构图又有规则对称式和规则不对称式，如图 1-41 所示。规则式构图以规则的直线为主，或呈轴线对称，或无明显轴线，简洁大方、规则有序；自然式构图以曲线为主进行构图，自然、轻松、优雅；混合式构图是几何形体与非几何形体共同组合进行构图的形式，平面形式灵活多样。

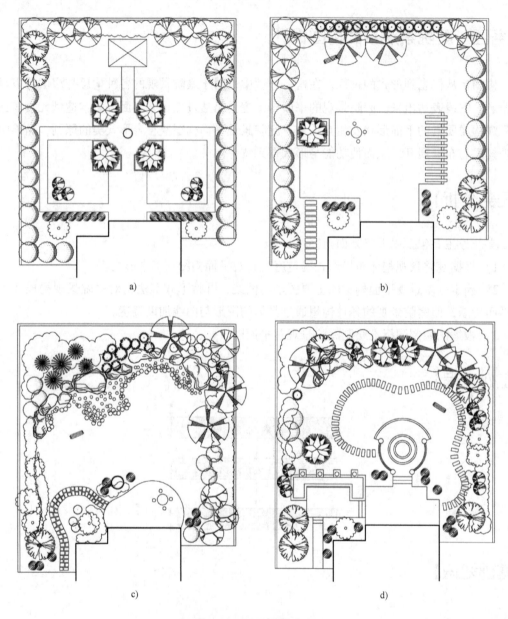

图 1-41 平面构图形式

a）规则式（对称） b）规则式（不对称） c）自然式 d）混合式

二、庭院景观平面构图的基本元素

"点""线""面"是平面构图最为基本的元素。

1. 点

"点"在平面构图中有重要的作用。单一点具有集中醒目的特点，使人感觉明确、坚定和充实，能够形成平面构图中心，如图 1-42a 所示；平面上有两个分量相近的点，各自占有其位置时，会使张力作用集中在两点的视线上，在心理上产生吸引与连接的效果，如

图 1-42b 所示；当两点大小不同时，观察者的注意力会集中在优势一方，然后再向劣势方向转移，如图 1-42c 所示；空间上的三点在三个方向平均散开时，其张力作用就表现为一个三角形，如图 1-42d 所示；多个点如果比较稀疏地排列，会使人感到疏朗，反之则使人感到充实与饱满，如图 1-42e 所示；当点与点之间连续靠近就会产生线的感觉，如图 1-42f 所示；点的聚集又会产生面的感觉，如图 1-42g 所示。

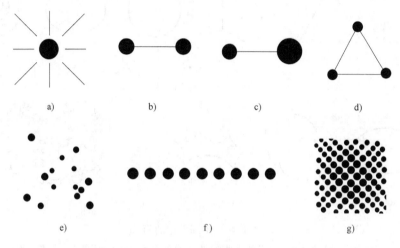

图 1-42 点

a）单点 b）两点（大小相同） c）两点（大小不同） d）三点 e）多点 f）连点成线 g）聚点成面

2. 线

"线"在平面构图中非常灵活多变，线主要强调方向与外形。线形不同其表现的特性往往也不同，平面构图中常用线形有以下几种：①直线，如图 1-43a 所示。直线主要包括水平线、垂直线、斜线等。水平线与垂直线简洁明快、刚直有力，斜线是相对于水平线与垂直线而言，与它们产生一定角度以达到方向上的对比和变化，从而打破平面构图的呆板。②曲线。曲线主要包括几何曲线与自由曲线，如图 1-43b、图 1-43c 所示。几何曲线是指用圆规绘制而成的曲线，如圆弧线、螺旋线等，几何曲线具有圆润、优雅的感觉；自由曲线不用圆规绘制，比几何曲线更具灵活性，表现出自由、柔美的感觉。

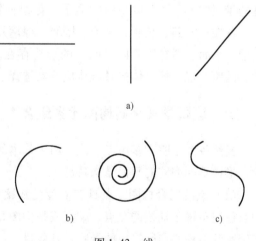

图 1-43 线

a）直线（水平线、垂直线、斜线）

b）曲线（几何曲线） c）曲线（自由曲线）

3. 面

"面"在平面构图中通常强调形状和面积。面主要分为三种类型：①直线形面。具有直线所表现的心理特征，简洁、方正、稳定、有序，主要有矩形、三角形及其他多边形等，如

图 1-44a 所示。②曲线形面。具有曲线所表现的心理特征，几何曲线形的面主要有圆形、椭圆形、螺旋形等，如图 1-44b 所示；自由曲线形的面形式丰富，如椭圆形、扇贝形等，如图 1-44c 所示。③偶然形面。它是不按人意志产生的图形，这种形式的平面构图往往较为自然、多变，在构图中可以产生一些特殊的效果，如图 1-44d 所示。

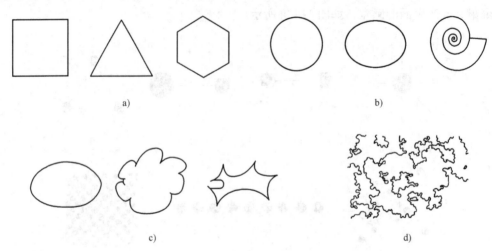

图 1-44　不同类型的面

a）直线形面　b）曲线形面（几何曲线形）　c）曲线形面（自由曲线形）　d）偶然形面

4. 庭院景观中的点、线、面

庭院景观中的"点、线、面"不同于几何学上的意义，是具有大小、形态、色彩、肌理的景观构成元素。庭院中的亭子、花架、雕塑、喷泉、景石、孤植树等往往以"点"的形式存在；园路、长廊、溪流、围墙、绿篱及列植的树木则常以"线"的形式存在；草坪、铺地、水面、树林等多以"面"的形式存在。因此，在平面构图时要结合地形、水体、植物、园路、建筑等具体的景观构成要素选择合适的构图元素。

三、庭院景观平面构图元素组合

虽然各个庭院大多由点、线、面等基本的平面构图元素组成，但其组合形式却是千变万化，形成不同庭院的平面结构特征。

（1）点的组合构图　点具有高度的积聚性，易形成构图的焦点与中心。因此，庭院中的点往往布置于轴线的交点、端点或是构图几何中心与视觉重心的位置。在平面构图时，要确定庭院中核心点所对应的景物及其数量、位置与相互间的组合关系，使点与点之间构成良好的呼应关系，形成均衡与稳定的画面，如图 1-45 所示，位于轴线端点处的各点状景物形成均衡的画面与统一的构图。

（2）线的组合构图　图线的不同组合是形成平面图形多样化的基础。线与线的组合有连接、分离、平行排列、交错排列等众多关系。在进行线的组合设计时重点要处理好统一与变化的关系，使整体图面既生动活泼又协调统一，如图 1-46 所示，由树木、铺地图案形成的斜向平行线条的组合构图。

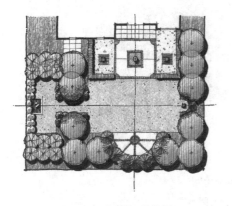

图 1-45　点的组合构图

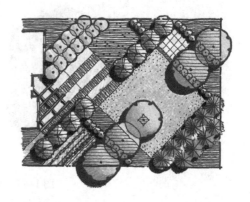

图 1-46　线的组合构图

　　在平面构图时，通常可以通过一定的网格线形成控制性的构架，使线的组合变化在整体架构下进行，以确保构图的整体感与协调性，如图 1-47 所示，在网格控制下对同一庭院空间采用不同的图线进行构图设计。网格在划分的时候要注意与庭院建筑转角、入口、门窗等的对应关系。另外，对于曲线为主的线条组合则需考虑不同长度、方向、曲率的弧线之间的衔接关系，使其平滑过渡。

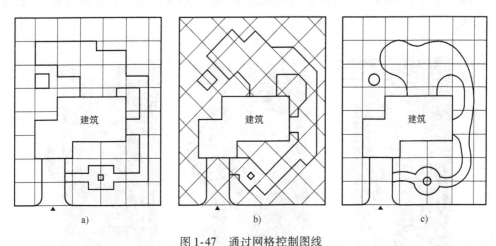

图 1-47　通过网格控制图线

a）水平线与垂直线为主构图　b）斜线为主构图　c）曲线为主构图

　　（3）面的组合设计构图　庭院平面构图中的面多以直线形或曲线形为主，下面分别以圆形、方形、自由曲线形等为例阐述它们在组合设计中的注意的问题。

　　圆形的组合构图主要有两种形式，即叠加圆形式与同心圆形式。叠加圆形式是将许多大小不一的圆形按形式美的规律叠加在一起，整体上形成有大有小、有主有次的图形效果。圆在叠加时要注意使圆的圆周通过或靠近另一个圆的圆心，避免叠加太多或叠加太少，如图 1-48a所示，圆形铺地与草坪的组合。同心圆形式主要通过不同大小的圆，不同方向与长度的半径进行相互组合而成，该种形式可用于形成视觉中心，如图 1-48b 所示，不同材质的铺地及绿地的同心圆式组合构图。

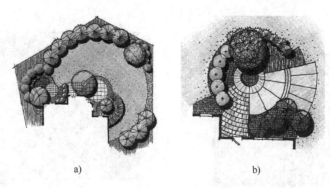

图 1-48　圆形组合构图
a）叠加圆形式　b）同心圆形式

　　方形的组合构图多以正方形与长方形的相互叠加组合为主，主要有正向组合、斜向组合或正斜组合等形式，如图 1-49 所示，分别采用三种不同形式进行构图的某小庭院。方形在叠加时除了要注意大小变化与整体均衡外，还应与建筑平面形状、尺度取得协调与呼应关系。方形在叠加时可以将重叠部分限制在 1/4、1/3、1/2 边长以内，以保持每个方形自身的可识别性。方形构图还可以通过角度的旋转形成斜向的组合构图或正向与斜向的组合构图，这种构图能够使平面构图更为活泼或满足庭院在朝向上的某种要求，一般以 60°、45° 的方向较为常见。

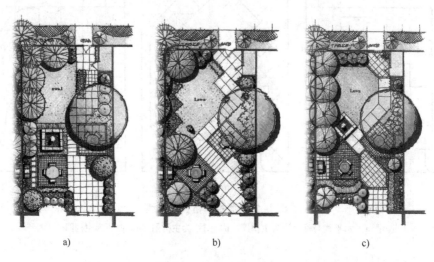

图 1-49　方形组合构图
a）正向组合形式　b）斜向组合形式　c）正斜组合形式

　　自由曲线形之间的组合通常也以叠加为主，可以将一个图形包含于另一个大的图形之中，或叠加在曲线形的边缘位置，叠加时要注意尽量减少锐角的形成，如图 1-50 所示，草地、卵石铺地及植物的曲线形组合构图。

　　（4）点、线、面的组合构图　在平面构图时，仅仅依靠某种单一的构图元素往往不能将丰富的庭院景观较好地表现出来。通常需要点、线、面的相互组合，通过合理的组合能够使平面构

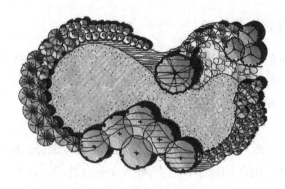

图 1-50　曲线形组合构图

图结构清晰、内容丰富，形成一个有机的整体，前面各例图中均贯穿着点、线、面的组合。同一空间采用不同的点、线、面所表现出来的构图各不相同，如图 1-51 所示，在已形成的概念性方案基础上，分别采用不同的点、线、面的组合对同一空间及主要景观进行平面构图表现。

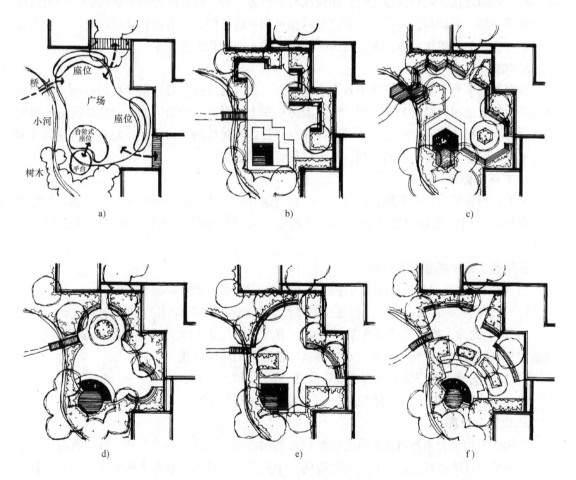

图 1-51　点、线、面的组合构图

a）概念性方案　b）矩形与直线为主导　c）六边形与斜线为主导

d）圆形与弧线为主导　e）圆形与直线为主导　f）圆形与放射线为主导

四、平面构图的形式美法则

形式美法则是人类在创造美的形式、美的过程中对美的形式规律的经验总结和抽象概括。形式美法则是艺术形式的一般法则，它是形式构成的规律。庭院景观平面构图设计时要遵循的形式美法则主要有以下几点：

1. 变化与统一

变化与统一又称为多样与统一。变化使平面图形各组成部分之间有差异，有区别；统一则使各组成部分之间具有内在的联系，有共同点或共有特征。没有变化，平面构图单调呆板，缺乏生命力；没有统一，则会显得杂乱无章、缺乏和谐与秩序。因此统一中求变化，变化中求统一，两者相辅相成，是平面构图最根本的要求，也是形成平面构图美感的基础。

2. 对比与调和

对比是指有区别和差异的各种形式要素的相互比较，如图形、线条、大小、方向、位置、色彩等的对比。调和就是适合，即构成对象的各部分之间是匹配的、协调的。一般来讲对比强调差异，而调和强调统一。对比与调和是相对而言的，没有调和就没有对比，它们是一对不可分割的矛盾统一体，也是取得平面构图统一与变化的重要手段。

3. 均衡与稳定

均衡就是平衡，主要是构图中各要素左与右、前与后之间相对轻重关系的处理。稳定则是构图中上下之间的轻重关系处理，使其取得视觉上的平衡。均衡可分为对称均衡与不对称均衡。对称均衡构图左右两边一一对应，完全对称；不对称均衡构图往往左右两边是相等或相近形状、数量、大小的不同排列，给人以视觉上的稳定感。

4. 节奏与韵律

节奏本指音乐中音响节拍轻重缓急的变化与重复；韵律原指音乐的声韵和节奏。构图中的节奏指同一构图元素的连续重复；韵律则指其有规律的连续重复、变化，使之产生旋律感。

常见的韵律主要有以下几种：

1）连续韵律，即有同种因素等距反复出现的连续构图的韵律特征。

2）交替韵律，即有两种以上因素交替等距反复出现的连续构图的韵律特征。

3）渐变韵律，指构图元素在某一方面作有规律的逐渐加大或变小，逐渐加宽或变窄，逐渐加长或缩短的韵律特征，如大小、形状、色彩等的逐渐变化。

4）旋转韵律，指连续出现重复的组成部分，呈旋转状排列。

5）交错韵律，两组以上的要素按一定规律相互交错变化。

5. 比例与尺度

比例反映构图元素各组成部分之间的相对数比关系，不涉及具体尺寸。其包含两方面的含义：一是指景物本身的长、宽、高之间的大小关系；二是指各景物之间的大小关系。良好的比例能使构图美观协调，如$1:0.618$的黄金分割比被认为是最美的比例关系。

尺度则是指各景物要素给人们感觉上的大小印象与真实大小之间的关系。尺度是景物和人之间发生关系的产物，在具体设计时，要选择符合人体需要的合适尺度。

【实践操作】

一、确定天香庭院景观平面构图形式

天香庭院采用混合式的构图形式，从而使整体构图既自然又有序。庭院别墅建筑南、北入口前铺地及下沉式水景空间中的叠水、水池、园路、花坛等均采用规则的构图形式，与建筑的直线取得统一；核心水池、假山、植物、游憩区的园路等主要采用自然式构图，与周边自然环境相协调。

二、天香庭院景观平面构图元素组合设计

1. 点的构成及平面组合设计

天香庭院中主要设置三个核心的点，位于一始一终的两个"漩涡"中心以及全园制高点处的景观亭。它们形成庭院视觉焦点与局部构图中心，也控制着全园整体构图。从整体平面上看，这三个点形成稳定的三角形，形成一种均衡关系。另外，景石、圆形亲水平台、雕塑、景观桥等也构成平面构图中的点元素，它们与核心点之间形成一定的呼应关系，如图 1-52 所示。

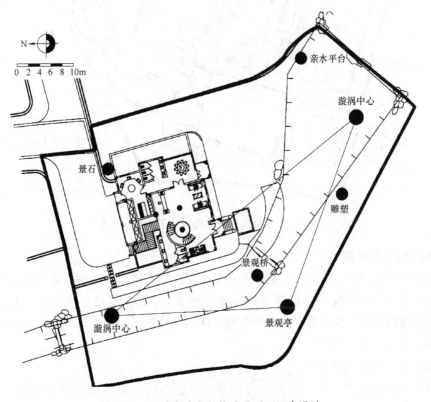

图 1-52　天香庭院点的构成及平面组合设计

2. 线的构成及平面组合设计

该庭院整体构图的线形以曲线为主，直线为辅，刚柔相济。建筑周边铺地、园路、叠水水池等构图主要采用直线为主，通过与建筑平行、垂直的直线取得与建筑形体的统一关系。庭院自然式的水池、游憩区的园路、弧形景墙、弧形石板等均以曲线为主，自然流畅。由于该庭院以"漩涡"表现神奇的水的主题，在设计时将螺旋线形成的漩涡图案融入到平面构图中，如水池东南处通过螺旋线形成漩涡，漩涡对岸有成组的弧形线条，表示水流形成的波浪，并与漩涡图线形成互应，如图1-53所示。另外在设计时结合风水，使曲线形成玉带环腰的形式。

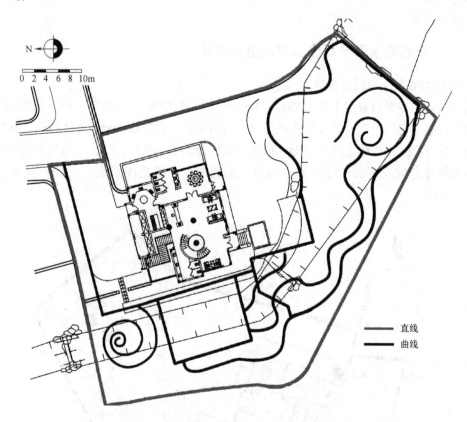

图1-53　天香庭院线的构成及平面组合设计

3. 面的构成及平面组合设计

与线的构图相对应，该庭院中的面形式也丰富多样，既有直线形面又有曲线形面，如图1-54所示。其中直线形的面与曲线形的面相互连接、穿插，衔接自然。点、线、面在景观中往往相比较而存在，如天香会所庭院中的水体以面的形式存在，但在整体上看，它又是联系三个核心点的一条主线。

4. 点、线、面的组合设计

通过对天香庭院点、线、面的组合构图，形成该庭院景观设计平面草图，如图1-55所示。

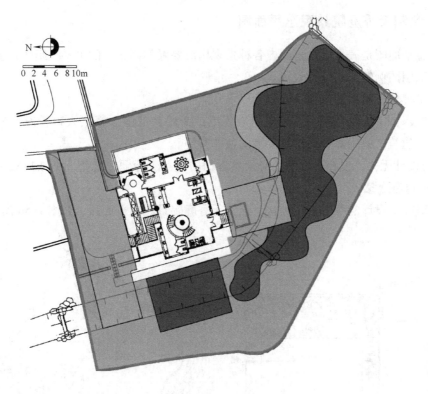

图 1-54　天香庭院面的构成及平面组合设计

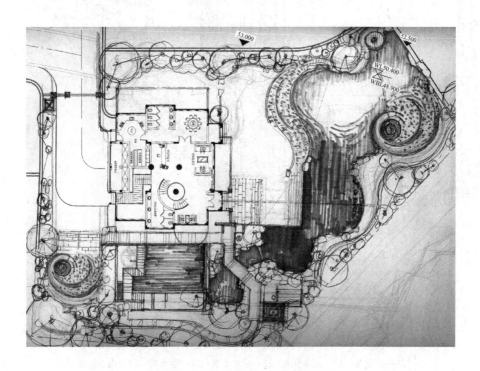

图 1-55　天香庭院景观设计平面草图

三、绘制天香庭院景观总平面图

景观总平面图是表示设计范围内各种景观构成要素整体布局的水平投影图,图中各景观构成要素采用图例的形式进行表现。

庭院景观总平面图的内容主要包括以下几点:

1)与设计相关的内容:①用地周边环境;②设计范围;③出入口情况;④地形、水体、道路、建筑、植物等景观构成要素的整体布局。

2)与设计无关,但在平面图上必须具备的内容:①标题;②指北针或风玫瑰;③比例或比例尺;④图例表。

下面对前面设计的草图进行细化,绘制天香庭院景观总平面图,如图1-56所示。

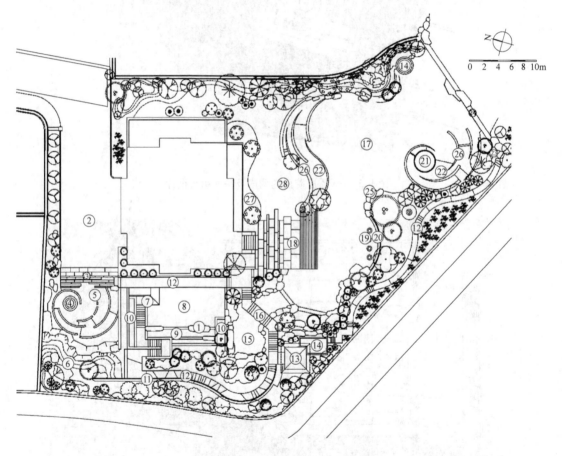

图1-56 天香会所庭院景观总平面图

1—景石 2—入口铺地 3—艺术铺地 4—水潭 5—卵石池 6—假山 7—木栈道

8—艺术水池 9—叠水台 10—种植台 11—矮墙 12—园路 13—景观亭 14—木平台

15—水蚀洞 16—拱桥 17—水池 18—休憩平台 19—金蟾吐水 20—景墙

21—静思台 22—亲水石滩 23—枯木小景 24—拦水坝 25—山石驳岸

26—弧形石板 27—花境 28—大草坪

【思考与练习】

1. 庭院景观平面构图的基本元素与形式美法则有哪些?

2. 上一任务中已完成了 20 号别墅庭院景观的整体布局设计,在此基础上进行平面构图设计,并完成总平面图。

3. 某私人别墅庭院景观概念性平面草图如图 1-57 所示,在此基础上对其作出进一步设计,并完成总平面图。

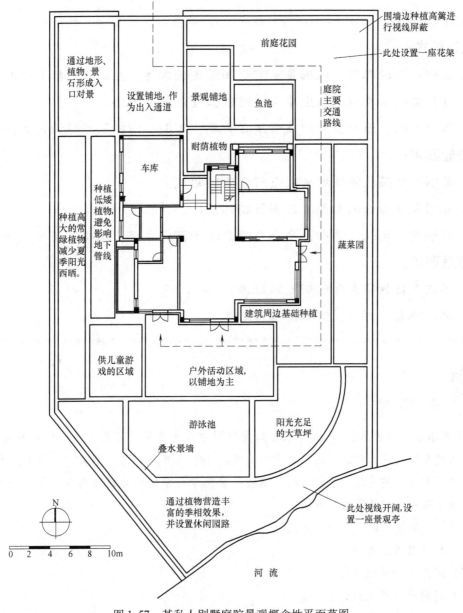

图 1-57　某私人别墅庭院景观概念性平面草图

庭院山水景观设计

 学习引言

"智者乐水，仁者乐山"，山与水在庭院景观中最为常见。尤其是我国传统庭院中，通过一定的造园手法将大自然中的万水千山浓缩在小小的庭院之内，追求"一峰则太华千寻，一勺则江湖万里"的意境。"山与水"通常是庭院景观中的核心景观构成要素与主要景观，其他景物多围绕山水景观进行布局。

本项目主要包括以下五个任务：

（1）庭院整体地形设计。

（2）庭院假山景观设计。

（3）庭院水池景观设计。

（4）庭院瀑布与叠水景观设计。

（5）庭院喷泉景观设计。

任务一　庭院整体地形设计

地形是庭院景观最基本的构成要素，通过地形可以组织空间、解决场地的高差关系，还可以塑造场地的形式特征与特定氛围。庭院地形设计是对原有地形、地貌进行工程结构和艺术造型的改造设计，它是庭院景观设计的一个重要环节，不仅影响庭院风格的形成，对整体景观形象与风貌的形成具有决定性的作用。

【任务分析】

本任务主要包括以下三方面内容：

1）从庭院景观形式美角度进行整体地形设计，协调好地形与其他景物的关系。

2）从庭院景观空间角度进行整体地形设计，通过地形营造空间与组织视线。

3）从庭院景观竖向变化角度进行整体地形设计，确定地形地物的高程、坡度及衔接关系，并绘制竖向设计图。

【工作流程】

【基础知识】

一、庭院地形的类型

庭院地形类型主要有平地、凸地形与凹地形等三种形式，如图2-1所示，庭院中不同类型地形的景观效果。按地形坡度不同又可以分为平地（3%以下）、缓坡（3%～10%）、中坡（10%～25%）、陡坡（25%～50%）、急坡（50%～100%）及悬坡（大于100%）等。

1. 平地

平地是指地形坡度小于3%的比较平坦的用地。平坦地形能够形成开阔的景观，让人感到稳定与平静，有简洁、明了之感，可作为庭院中各种场所使用，如建筑用地、活动场地等，或作为草坪、花坛、花境及其他植物种植使用。其布置较为自由，易与庭院中其他景观构成要素取得协调关系。但地形过于平坦不利于排水，容易积涝，会破坏土壤的稳定，对植物的生长、建筑和道路的基础都不利，因此庭院中的平地特别要注意处理好排水问题。

a)

b)

c)

图 2-1　地形类型

a）平地　b）凸地形　c）凹地形

2. 凸地形

凸地形是指地形立面有明显凸起的地形，它包括自然的山地、丘陵和人工堆叠所成的假山、土台等。凸地形一般比周围环境的地形高，视线比较开阔，空间呈发散状，是庭院中较好的观景点。同时，地形高处的景物比较醒目，可以形成庭院构图的重心与焦点，对整体景观起到控制性作用。

3. 凹地形

凹地形与凸地形正好相反，其地面标高比其周围地形低，视线通常较封闭，会形成内向性的空间，具有较强的私密性与安全感，是构建庭院安静的休憩区的理想场所。凹地形的低凹处能够聚集视线，形成局部视觉中心。另外，凹地形还是庭院各类水景的载体。

二、地形在庭院中的作用

1. 形成庭院景观基底与骨架

地形是庭院所有景观元素与设施的载体，为其他景观要素提供赖以生存的基面，是庭院整体景观的基底与骨架，如图 2-2 所示。庭院中的建筑小品、园路、水体、植物等景观要素的布置在很大程度上受到地形的影响与制约。因此，地形设计合理与否直接影响到其他景观要素的布置。

2. 构成与突出庭院主景

地形在造景中不仅是庭院景观的骨架，其本身也能够构成庭院的主景，形成局部视觉焦点。另外，地形还可以作为突出主景的手段，通过凸地形与凹地形的处理，加强其他景物的视觉感染力。

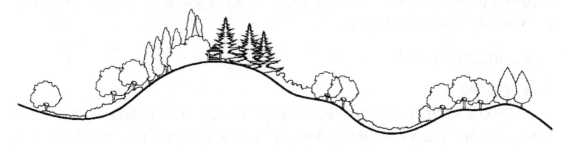

图 2-2　地形形成庭院景观基底与骨架

3. 组织与分隔庭院空间

通过地形可以组织与划分庭院空间，使之成为具有不同功能和景观特色的区域，从而丰富庭院空间层次。同时，通过地形的围合、分隔还能组织与引导视线，有利于庭院景观空间序列的形成。

4. 改善庭院小气候

合理的地形营造可以改善庭院小气候，使环境更为舒适宜人。地形可影响一定区域内的光照、温度、风速和湿度等条件，如通过高起的地形阻挡冬季寒风，从而一定程度上改善庭院环境。另外，地形的起伏变化还能形成阴、阳、干、湿、缓、陡等环境，提供多样化的植物种植条件。

5. 组织庭院排水

通过庭院中高低起伏的地形组织排水，不但能够形成自然的景观效果，同时还能够减少排水管线的铺设，降低建设成本。

三、庭院地形设计原则

庭院原有地形的改造往往需经过一定的艺术处理，才能达到"虽由人作，宛自天开"的境界。地形设计要遵循以下几个原则。

1. 利用为主，改造为辅

在地形设计中，应充分考虑原有地形的特点，因地制宜，使其"自成天然之趣，不烦人事之工"。当设计意图与现状地形有一定的差距时，可结合景观营造及功能要求进行适当改造，尽量使园内填挖土方量达到平衡，以降低工程造价。

2. 满足庭院功能与造景要求

地形设计首先应满足庭院中各种使用功能的要求，如庭院中活动、健身、儿童游戏的场地往往要求比较平坦，可以是一定面积的铺地、草坪、砂地等硬质或软质地面；又如散步、登高则可考虑设置高起的山丘，以形成登高远眺的视觉效果。

地形设计还应满足景观审美上的要求，力求美观大方。一方面，作为庭院景观基底的地形应与其他景观要素共同营造和谐美观的庭院景致；另一方面，作为主景的地形要形成庭院景观的亮点与特色。

3. 符合园林工程的要求

庭院地形的设计在满足使用功能和景观要求的同时，还必须符合园林工程的要求。土山设计要考虑山体的自然安息角，土山高度与地质、土壤及坡度的关系，平坦地形的排水问题等，这些都属于工程技术相关的考虑。

四、地形与景观设计

1. 地形造景

地形可以作为庭院的主景，也可以作为其他景物的背景。在中国传统园林中山石堆叠的地形及人工开凿的水池通常会形成庭院的核心景观，在欧式庭院中地形更多地作为其他景物的载体与背景。

根据庭院风格的不同，地形景观在形式上可分为自然式或规则式，如图 2-3 所示。自然式地形景观的营造讲究"师法自然"，本着"源于自然，高于自然"的原则，一般以自然起伏的山地、丘陵或人工堆叠的假山为主，结合功能与景观要求，通过艺术手法进行处理，营造多样的地貌和丰富的层次。规则地形景观一般以错落有致的台地、坡地构成地形的高低变化，或是将地形营造成圆（棱）锥、圆（棱）台、曲面体等几何形体，如图 2-4 所示，犹如抽象雕塑一般，具有较强的视觉冲击力。

a)

b)

图 2-3　地形景观形式

a）自然式　b）规则式

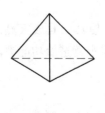
a)

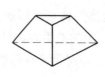
b)

c)

a)

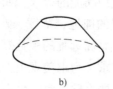
b)

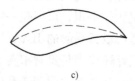
c)

图 2-4　规则式地形常见形状

a）圆（棱）锥　b）圆（棱）台　c）曲面体

地形景观整体形态除了受形式影响外，主要还受其平面形状、高程、坡度、坡向及立面变化决定，通过这些形态要素的不同构筑多样的地形景观。因此，在设计时要合理安排这些要素，形成具有较好的视觉美感的地形景观。

2. 地形与其他景物关系处理

地形作为庭院景观的骨架与基底，一般会成为其他景物的背景。因此要妥善处理好地形与水体、园路、建筑小品、植物等其他景物之间的关系，从而形成丰富多彩、和谐统一的庭院环境。

（1）地形与水体　我国传统庭院讲究"山水相依"，水体的设计往往结合地形的形态、走势、高差、坡度等情况，以形成山环水抱的效果。一般平地宜布置静态的水池或是动态的喷泉等水景；斜坡地宜布置溪流、叠水等动水景观；陡峭的石壁则可形成瀑布景观。通过合理处理地形与水景的关系，能够减少土方量，降低工程造价。另外，水景的布置形式往往与地形布置形式相统一，或规则，或自然。

（2）地形与园路　地形对园路及铺地的布置也有较大的影响。一般来说，平地上园路及铺地的布置不受限制，可以根据交通需要及景观要求进行设置，但要注意排水要求，硬质铺地坡度宜在0.3%～1%之间；缓坡地园路布置较为自由，可随着地形起伏而变化，形成轻松、舒缓的氛围；园路在中坡及陡坡处要设置成台阶，以方便行走，同时可以营造山路的感觉；急坡地则要设置为高而陡的磴道，并设置栏杆等防护措施。

（3）地形与建筑小品　建筑小品在庭院景观中往往成为主景，通过地形的烘托，能够使建筑小品更为突出与醒目，如将建筑小品布置在抬高或降低的地形上，或平地较核心的位置，都能够形成较好的景观效果。一般庭院中的雕塑等小体量的建筑小品基本不受地形限制，可以灵活布置。亭子、花架等有一定体量的建筑小品在平地及缓坡地上不受限制，可以根据造景要求灵活布置，在中坡地宜顺应等高线布置，陡坡地及急坡地布置需进行适当的地形改造才能满足要求。

（4）地形与植物　植物受地形的影响最大，起伏的地形能够形成不同的光照、水分等条件，为创造丰富的植物景观提供多样化的生长环境。不同地形坡度对植物布置的影响如下：①平地上布置植物基本不受限制，主要注意避免积水，一般用于种植的平地设置1%～3%的排水坡度；②缓坡地较适合布置疏林草地或景观林；③中坡地以营造多样化的植物景观最为有利；④对于陡坡地来说，坡度为25%～30%，可种植草皮及树木，坡度为25%～50%，可种树木；⑤大于50%的坡地植物布置主要以小灌木为主，一般不宜种植乔木。因此，不同的地形也使植物景观呈现不同的风貌。

五、地形与空间设计

1. 地形与庭院空间营造

地形是塑造庭院空间最基本的方法。不同类型的地形其空间特征各不相同，如图2-5所示：平地可以形成平坦开阔的空间，视线平展，但平地受周边景物影响较大；凸地形所形成的空间呈发散状，视线开阔，是外向性的空间，往往给人以优美、轻松的感觉；凹地形所形成的空间呈积聚状，视线封闭，是内向性的空间，具有较强的封闭感和私密性。另外，凸地形顶部与凹地形的底部能够集中视线，形成局部空间的视觉中心与焦点，如图 2-6 所示。

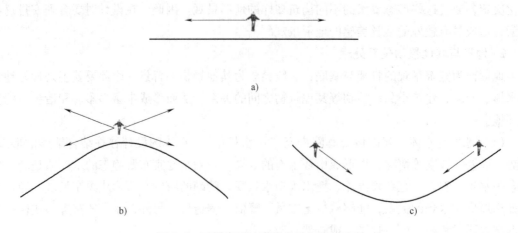

图 2-5　不同类型地形的空间与视线特征

a）平地　b）凸地形　c）凹地形

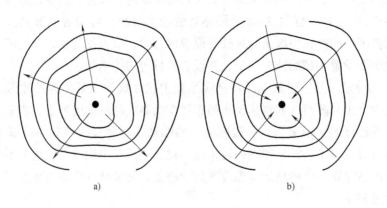

图 2-6　凸地形与凹地形所形成的视觉中心

a）凸地形　b）凹地形

　　利用地形进行庭院空间组织与分隔是空间营造中最为常用的方法之一。利用地形可以自然、有效地划分空间，使之形成不同功能或景色特点的区域，如图 2-7 所示。在此基础上若再配合植物或园路能够增强空间组织与分隔的效果。通过地形进行空间划分，一方面要考虑功能与造景要求，另一方面还要考虑现状地形条件。另外，在地形分隔空间时还要考虑空间的对比、联系、渗透等关系，如图 2-8 所示，通过大小空间的对比与渗透，使空间之间具有一定的关联性，从而形成统一的整体。

2. 地形与视线组织

　　在地形营造时，要注意不同空间的视线特点，通过地形对视线进行合理的控制以引导游览。

　　庭院中通过地形进行视线组织主要有以下几种方法：

　　1）合理利用平地、凸地形与凹地形的视线特点组织视线，如图 2-5 所示，平地视线平展，凸地形视线向四周发散，凹地形视线向中部聚焦。

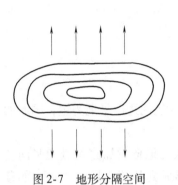

图2-7 地形分隔空间

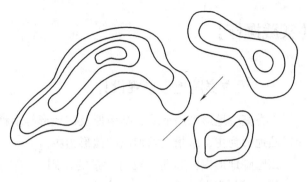

图2-8 地形空间对比与渗透

2）通过地形阻挡与引导视线，如图2-9a所示，局部地区设置高起的地形加以阻挡，将视线引导到未受地形限制的特定方向，从而引导游览。同时要注意"嘉则收之，俗则屏之"，通过地形将外部美好的景色引导入园，或是通过地形遮挡外围不佳景观与不良环境，如图2-9b所示。

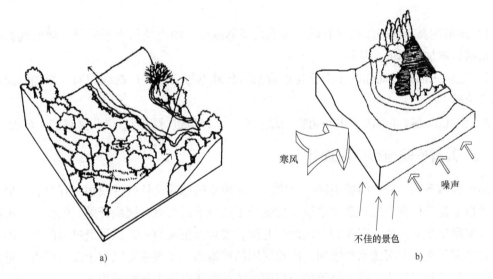

图2-9 地形的阻挡与引导视线
a）地形对视线挡与引 b）地形对不良视线与环境的阻挡

3）通过地形起伏与高差的变化，能够增加人们欣赏视角的变化，以形成平视、仰视与俯视不同的视觉效果。

4）通过地形分隔空间时，注意建立一些视觉通道，使局部区域视线相通，从而使相邻空间景观能够相互渗透。

5）处理好视距与地形高度的关系，作为主景地形其视距与高度比值一般小于作为背景的地形。

【实践操作】

一、天香庭院地形景观设计

天香庭院地形采用平地、凸地形及凹地形等多种类型，如建筑周边以平地为主，围墙四周以凸地形为主，水景空间则以凹地形为主。

该庭院地形主要起到骨架与背景的作用：一方面通过起伏的地形增加庭院景观竖向变化，使全园制高点具有良好的视线效果；另一方面通过地形形成庭院核心景观"水"的载体与背景，创造别具特色的"依山傍水"的景观。

在形式上主要采用混合式的手法。整体地形以自然式为主，庭院四周通过高起的土丘与东南处水面形成外围自然山水的延续感。下沉式的水景空间的地形则采用规则式的处理方法。

在处理地形与其他景物关系上，除了遵循前面所讲的配置要点外，还从以下几方面进行考虑：

1）地形制高点处视线相对开敞，为景观亭创造良好的观景与点景效果，同时此处可以结合植物以增加地形的高耸感。

2）庭院东部通过高起的小山丘与植物相结合避免与其他住户视线相通，增加庭院私密性与安全感。

3）西北部通过高起的假山与植物相结合对冬季寒风进行阻挡，以改善庭院小环境。

二、天香庭院地形空间设计

地形类型不同，其空间感不同。该庭院中的明堂铺地及草坪处视线相对开敞、舒展，该处视角以平视与仰视为主；景观亭所在位置处于凸地形最高点，视线开敞，但受后侧植物影响，其空间呈半开敞性，视线朝向东面与北面，视角以俯视为主，也可透过庭院东南的入水口平视外围景观；下沉式水景空间为比较封闭的凹地形，视线主要限制于凹地形内，近景感染力强，形成相对独立、较为静谧的小空间，该处视角以平视与仰视为主。

三、天香庭院景观竖向设计图绘制

竖向设计是指对原地形进行充分利用和改造的基础上，合理安排各景观要素在高程上的变化，以满足功能和审美要求，创造协调统一的整体景观。庭院景观竖向设计需通过竖向设计图表示，如图2-10所示。

下面以天香庭院为例阐述景观竖向设计图内容及绘制要求：

1）确定各类地形具体的位置、形态、大小、坡度、高程等内容，在庭院原地形平面图上绘制设计地形等高线并标注标高，如庭院西北角土石堆叠的假山形态上具有向内环抱之势，其制高点标高为1.55m，东侧起伏的小土丘制高点标高为0.45m。

2）标注庭院各处控制性标高及主要园林建筑的标高。建筑一层室内地坪绝对标高为

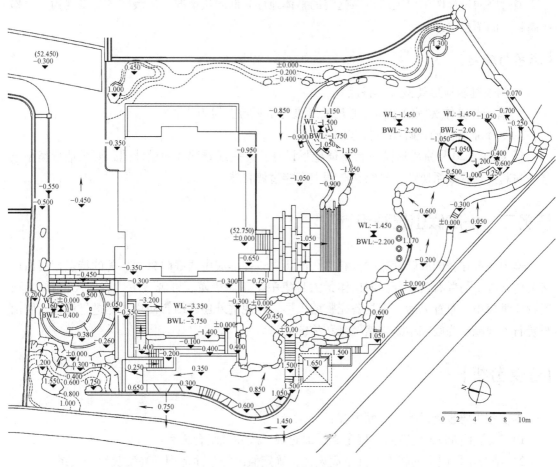

图 2-10 天香庭院景观竖向设计图

52.75m，设定该处为 ±0.000，其他各处标高以此处为基准。全园最高点为景观亭所在位置，亭子室内地坪标高为 1.65m；全园最低点为叠水池池底部，标高为 -3.75m；庭院核心水池水面标高为 -1.45m，比明堂铺地低 0.4m，其水底标高各处有所不同，最深处标高为 -2.50m。

3）确定庭院中的园路、铺地、园桥的变坡点的高程和纵向坡度，如建筑北入口铺地标高为 -0.45m，明堂前铺地与第一个漩涡中心平台的标高均为 -1.05m，园桥顶部标高为 0.45m。

4）确定庭院中建筑小品及构筑物标高，明确其与周围环境的高程关系，如弧形景墙顶部标高为 1.17m，水坝标高 -0.07m 与园内水面有 1 米多的落差等。

5）标注全园其他各处标高，注意高程间的衔接关系，同时应考虑为不同植物创造不同的生长环境。

6）竖向设计还应满足排水要求，避免庭院积水，无铺装地面的最小排水坡度为 1%；铺装地面最小排水坡度为 0.3%。在绘制时用排水箭头，标出地面排水方向。

7）另外，还要满足各种管线，如供水、排水、电力等的布置要求。

通过竖向设计图不仅表示出该庭院的整体地形高低起伏情况，还表明了各景观构成要素在高程上的衔接关系。

【思考与练习】

1. 阐述庭院地形类型及其特点。
2. 请结合具体实例说明如何通过地形进行景观与空间的营造？
3. 庭院景观竖向设计图有哪些内容？
4. 对前述 20 号别墅庭院进行整体地形设计，并完成景观竖向设计图，要求地形类型丰富，与其他景观关系协调，景物在高程上衔接过渡自然。

任务二　庭院假山景观设计

堆山叠石在我国庭院营造中具有悠久的历史，并形成中式庭院景观显著的特点。假山广义上包括假山与置石两部分。假山体量大且集中、布局严谨、可观可游，有咫尺山林之感；置石体量较小、布置灵活，不具备完整的山形，除观赏外还常结合使用功能进行设置。假山与置石景观能够为庭院增添自然气息和传统韵味。

【任务分析】

本任务主要包括以下三方面内容：
1）结合不同假山的特点，确定其平面轮廓、尺寸及组合关系。
2）结合不同假山的特点及其平面设计，确定假山的立面造型、高度及组合关系。
3）结合不同类型假山的构造特点及其平立面设计，完成假山结构设计。

【工作流程】

庭院假山平面设计

↓

庭院假山立面设计

↓

庭院假山结构设计

【基础知识】

一、庭院假山类型

1. 假山类型
从假山的材料构成上大体可分为以下三种类型：

1）土山，即不用一石而全用堆土的假山。一般庭院面积不大，聚土为山难成山势，因此庭院中单纯的土山较少，往往是堆土成丘。

2）石山，通常所说的假山往往是指叠石假山，而石山是指全部用石堆叠而成的假山。庭院中的石山体量较小，布置灵活，由于选择的石材的不同，石山又呈现丰富的变化，如太湖石假山轻巧灵秀，黄石假山雄浑厚重。

3）土石山，即土石结合构筑的假山。土石结合的假山主要有以石为主的石包土（带土石山）和以土为主的土包石（带石土山）。石包土，先通过叠石形成山的骨架，然而再覆土，土上植树种草。由于石多土少整体上呈现较多的沟壑、洞穴、峭壁。土包石，以堆土为主，只在山脚或山的局部适当用石，以固定土壤，并形成优美的山体轮廓，由于土多石少，可形成林木蔚然的景象。

另外，根据石材的属性可以分为天然石假山与人工塑石假山，如图 2-11 所示，前者采用天然石材堆叠而成，后者主要采用混凝土、玻璃钢、有机树脂等现代材料和石灰、砖、水泥等非石材料经人工塑造的假山。

a)　　　　　　　　　　　　　　　b)

图 2-11　假山类型

a）天然石假山　b）人工塑石假山

2. 置石类型

在很多小庭院中不一定适合做假山，但往往可以选择布置景石形成不同的石景效果。

置石从布置形式上可以分为以下五种类型，如图 2-12 所示：

1）孤置，即单独设置，孤赏石要求石材本身应有一定的体量，同时具备较高的观赏价值，能独立成景。

2）对置，即成对布置，往往沿某轴线左右布置。对置山石要求姿态不俗，或体量、形态均相似，或大小、姿态呼应，共同构成一幅完整的画面。

3）散置，即少数几块山石通过"散漫理之"的处理手法，使其分散布置，呈现自然随意之趣。庭院中散置石常用于点缀作用，也可作为庭院主景设置，如日式枯山水庭院中的散置石多形成局部空间主景。

4）群置，也称为大散点，它的用法和要求基本上和散置相同，石材体量与用量比散置要大得多，一般用在较大的庭院空间。

5）山石器设，即用自然山石作为室外环境中的家具器设，如石桌、石凳、石椅、石榻、石屏风、石钵等，既有实用价值又有较好的景观效果。

图 2-12　置石类型

a）孤置　b）对置　c）散置　d）群置　e）山石器设

二、假山在庭院中的作用

假山在庭院中的作用主要表现在以下几方面：

1）作为庭院山水景观的主景和地形骨架。山与水往往是中式园林与日式庭院最为核心的景观，其他景观皆以此为基础进行布置。

2）划分和组织空间。通过假山的挡与引，结合障景、对景、夹景等多种处理手法，划分与组织庭院空间，使其空间灵活多变。

3）点缀庭院空间与陪衬庭院景物。在庭院中运用山石进行点缀，陪衬建筑与植物，形成精致的山石小品。

4）用山石构成驳岸、挡土墙、护坡和花台。用山石作为驳岸、挡土墙、护坡和花台等既具有较好的实用功能，又具有装饰作用。

5）作为室内外自然式的家具或器设。在庭院中利用自然山石作石桌、石凳、石榻、石栏杆、石灯笼等家具与器设，经久耐用，自然美观。另外，山石还可以作为园桥、汀石以及建筑室外楼梯等。

三、庭院假山常用石材

假山的材料不同，其造型特点也各不相同。庭院中较常用的天然石材种类有：湖石、黄石、青石、石笋石、斧劈石、千层石、大卵石及其他石品，见表2-1。

表2-1　天然石材类型和特征

天然石材类型		产　地	特　征
湖石	太湖石	江浙一带，以太湖中的洞庭西山消夏湾为最好	质坚石脆，纹理纵横，脉络显隐，石面多坳坎，形成沟、缝、窝、穴、洞、环，扣之有微声，石色多呈灰白色或青灰色
	房山石	北京房山	具有太湖石的窝、沟、环、洞等的变化，密度较太湖石大，石质较韧，扣之无声，新石呈土红色、橘红色或土黄色，日久变灰黑色
	英石	广东英德县	质坚石脆，扣之有声，石色呈青灰、黑灰，是岭南一带掇山常用石材
	灵璧石	安徽灵璧县	石质较韧，石形与石面坳坎千变万化，扣之有声，石色灰而清润
	宣石	安徽宁国县	外貌犹如积雪覆于灰色石上
黄石		产地很多，苏州、常州、镇江等地皆有所产	石形顽夯，见棱见角，轮廓分明，节理面近乎垂直，雄浑沉实，石色橙黄
青石		北京西郊洪山	石形多呈片状，有"青云片"之称，节理面不太规整，有交叉互织的斜纹，石色青灰
石笋石	白果笋	产地较多	外形修长如竹笋，质重而脆。白果笋其石笋中沉积了一些形如白果的卵石，石色淡灰绿或土红；乌炭笋石色乌黑且无光泽；慧剑是一种净面青灰色的石笋；钟乳石是石灰岩经地质作用形成
	乌炭笋		
	慧剑		
	钟乳石		
斧劈石		江苏常州	石形挺拔，具有丝状、条状、片状竖向纹理，易风化剥落，石色有浅灰、深灰、黑、土黄等
千层石		江、浙、皖一带	石质坚硬致密，外表风化层，石面纹理呈层状结构清晰，石色呈灰黑、灰白、灰、棕等相间的颜色
大卵石		河床之中	石材颜色与种类较多，由于流水的冲击和相互摩擦作用，石成卵圆形、长圆形或圆整的异形
其他类型		各地	因石类不同而异

四、庭院假山设计原则

假山设计最基本的原则是"做假成真"，通过对自然山体的模拟与提炼，加以夸张手法的运用，使人在咫尺之间感受真山之趣。

1. 布局合宜，造山得体

假山布局应结合庭院现状用地条件及风水要求，因地制宜，合理安排。山的体量、石质、造型等均应与周边环境相协调，且符合自然山体的艺术形象。

2. 宾主分明，"三远"变化

假山布局及造型应注意主次分明，先立主峰，再定次峰、配峰以及其他配景。主峰需高耸、浑厚，客山则拱伏、奔趋。在处理主次关系时，还应结合高远、深远与平远的"三远"理论运用，如图2-13所示。

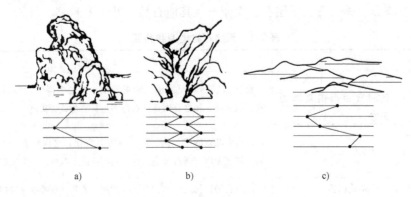

图2-13 "三远"变化

a）高远 b）深远 c）平远

3. 远观山势，近看石质

在设计时既要强调整体外观，又要注重细部处理。"势"即态势，由假山外形轮廓及组合所呈现的整体动势与性格特征。"质"即石质与石性，包括山峰、洞壑的变化，以及石材、质地、纹理等细部特征，堆叠时要注意石质的统一性，使其合乎自然之理。

4. 寓情于石，情景交融

逼真的假山能够使人有进入真实的自然山地的感觉，抽象、含蓄的假山则能激发人们的联想。在假山设计时通常运用象形、比拟和激发联想等手法创造意境，达到"片山有致，片石生情"的效果。

五、天然山石假山设计

1. 假山造型设计原则与禁忌

（1）造型设计原则 庭院假山造型设计主要遵循以下原则：

1）变化丰富，整体统一。在造型时要于统一中求变，且要善变，营造丰富的峰、峦、洞、壑等景观。在变化的过程中又要注意整体互应与统一，避免杂乱无章。

2）凹凸有致，层次分明。假山造型一般凹深凸浅，有进有退。凹进处要突出其深，凸出点要显示其浅，从而使山形显得十分厚重、幽远。另外，假山的立基起脚，直接影响到整个山体的造型。山脚转折弯曲，则山体造型就有进有退，变化丰富；山脚平直呆板，则山体立面变化少。

3）态势一致，动静相济。在假山立面造型上，要使其形状、姿态等外观视觉形式与其相应的气势等内在的视觉感受之间取得较好的联系，从而取得较好的内涵表现力。

4）藏露结合，虚实相生。假山造型要处理好藏与露的关系，宜露则露，宜藏则藏，从而使假山虚虚实实，空间变化多样，景观容量也由之增大。

5）融入意境，情景交融。意境是由情景交融而产生的一种特殊艺术境界，成功的假山造型往往能够营造自己独特的意境。

（2）造型设计禁忌 庭院假山造型设计要避免以下几点，如图2-14所示。

①忌对称居中；②忌重心不稳；③忌杂乱无章；④忌纹理不顺；⑤忌"铜墙铁壁"；⑥忌"刀山剑树"；⑦忌"鼠洞蚁穴"；⑧忌"叠罗汉"。

图2-14 假山造型禁忌

a）对称居中   b）重心不稳   c）杂乱无章   d）纹理不顺

e）铜墙铁壁   f）刀山剑树   g）鼠洞蚁穴   h）叠罗汉

2. 山石堆叠技法

假山的外观造型与山石堆叠方法密切相关，主要可以概括为以下几种基本方法：安、连、接、斗、挎、拼、悬、垂、剑、卡、挑、飘、撑等，如图2-15所示。

1）安。安置山石，将一块山石平放在一块或几块山石之上的叠石方法。安石主要有单安（把山石放在一块支承石上面）、双安（即在两块不相连的山石上安置一块山石，以在竖

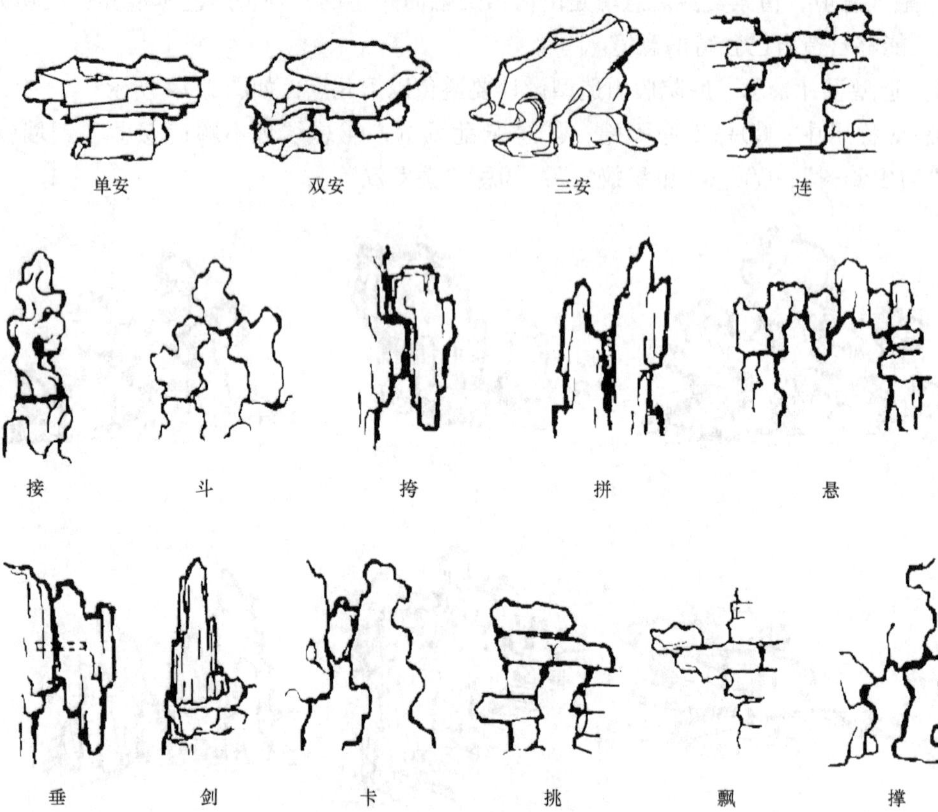
单安
双安
三安
连
接
斗
挎
拼
悬
垂
剑
卡
挑
飘
撑

图 2-15　假山山石堆叠方法

向的立面上形成洞岫）、三安（即在三块山石上安置一块山石，使之连成一体）。

2）连与接。连是山石与山石之间水平方向的相互搭接。连石要根据山石的自然轮廓、纹理、凹凸、棱角等自然相连，尽量使山石茬口相吻合。注意连石之间大小、高低变化与山石外观的整体性；接是山石与山石之间的竖向搭接。利用山石之间的断面或茬口，在对接中形成自然的层状节理。注意层状节理的统一与变化，使之具有自然风化岩石的效果。

3）斗。拱状叠石称为斗，是形成洞穴的一种造型式样。叠置时，在两侧造型不同的竖石上，用一块上凸下凹的山石压顶进行衔接。

4）挎。挎即在山石侧面茬口用另一山石进行拼接悬挂，使主要观赏面造型更为美观。

5）拼。拼即把若干块较小的山石，拼合成较大的体形以满足造型要求。拼石应注意山石大小搭配及纹理、色泽等，使之脉络相通、轮廓吻合、过渡自然。

6）悬与垂。这两种造型的山石均为垂直向下凌空悬挂的挂石，正挂为“悬”，侧挂为“垂”。“悬”是仿照自然溶洞中垂挂的钟乳石的结顶形式，“垂”则常用以造成奇险的观赏效果。垂石一般体量不宜过大，以确保安全。

7）剑。剑是将竖向纹理的山石，直立如剑布置，山形峭拔挺立，常用石笋石、斧劈石等。

8）卡。卡即在两块山石形成的楔口中卡住一块小型悬石，能够营造一种岌岌可危的视觉效果。一般用于小型假山中，而大型山石年久风化后，易坠落而造成危险。

9）挑与飘。挑即出挑，上石在下石的支承下挑伸于下石的外侧，同时，需用一定的山石压于出挑的反方向以达到力的平衡。一般挑石的伸出长度可为其本身长度的三分之一到三分之二，挑出一层不够远，则还可继续出挑。挑头置石为"飘"，飘能使假山的山体外形轮廓显得轻巧、飘逸。

10）撑。撑即用山石支撑来稳固山体的一种做法，常用于太湖石假山中。撑石必须选择合理的支撑点，外观上还应符合山体的脉络。

3. 天然山石假山基本结构

（1）基础结构　人造土山和带石土山一般不需要基础，山体直接在地面上堆砌。天然山石假山体量不同所采用的基础形式也往往不同，如图 2-16 所示不同的假山基础结构。一般来说，高大、沉重的石山，需选用混凝土基础或浆砌块石基础；高度和重量适中的石山，可用灰土基础或桩基础。对于立地条件较差或有特殊要求的假山可采用钢筋混凝土基础。下面具体阐述这四种基础的做法。

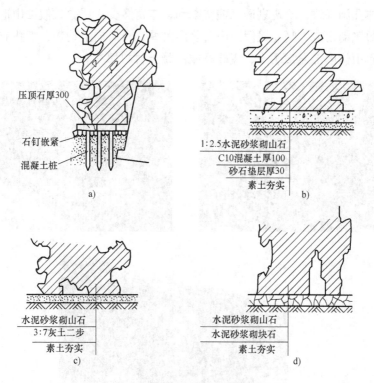

图 2-16　假山基础结构

a）桩基础　b）混凝土基础　c）灰土基础　d）浆砌块石基础

1）桩基。桩基是最古老的假山基础做法，是用木桩或混凝土桩打入地基做成的假山基础，主要用在土质疏松地方或新的回填土地方。常采用直径 10 ~ 15cm，长 1 ~ 2m 的杉木桩或柏木桩做桩基，按梅花形排列，间距约为 20cm，桩木顶端可露出地面或湖底 10 ~ 30cm，其间用小块石嵌紧嵌平，再用平整的花岗岩或其他石材铺一层在顶上，作为桩基的压顶石。

除了木桩之外，也可以用钢筋混凝土桩或其他"填充桩"。

2）混凝土基础。混凝土基础耐压强度大，施工速度快，是目前庭院中堆石叠山较多采用的基础形式。素土夯实层之上，可做 30～70mm 厚的砂石垫层，垫层上做混凝土基础层。在陆地上，可采用 100～200mm 厚，强度为 C10 的混凝土；在水下可采用 500mm 厚，强度为 C20 的混凝土。

3）灰土基础。灰土基础在北方地区使用较多，一般采用石灰和素土按 3:7 的比例混合而成。灰土每铺一层厚度为 30cm，夯实到 15cm 厚时，则称为一步灰土。高度在 2m 以上的假山基础可采用按一步素土加两步灰土；2m 以下的假山可采用按一步素土加一步灰土。同时，灰土基础的宽度一般要比假山底面的宽度宽出 0.5m 左右。

4）浆砌块石基础。浆砌块石基础耐压强度大，施工方便，也是较常采用的基础。一般素土夯实层之上，先铺 30mm 厚粗砂作找平层，再采用 1:2.5 或 1:3 水泥砂浆砌 300～500mm 厚块石层，如水下砌筑可用 1:2 水泥砂浆。

（2）山体结构　假山山体结构主要分为环透式、层叠式、竖立式等，如图 2-17 所示。环透式假山山体孔洞环绕，玲珑剔透，婉转柔和，丰富多变；层叠式假山山形横向伸展，层叠而上，具轻盈飞动之势；竖立式假山山石竖向砌叠，具有向上动势，挺拔有力。此外还有填充式假山，其山体内部通常用土、废砖石或混凝土材料填充。

图 2-17　假山山体结构
a）环透式　b）层叠式　c）竖立式

（3）山顶结构　假山山顶主要有峰顶、峦顶、崖顶和平顶等不同的构造类型。

1）峰顶。假山以山峰收顶，常有分峰式（一座山体用两个以上的峰头收顶）、合峰式

（两个以上的峰顶合并成一个大峰顶）、剑立式、斧立式、流云式和斜立式，如图2-18所示。

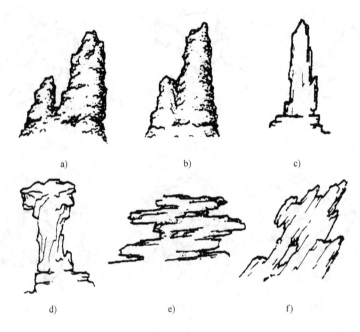

图2-18 假山峰顶设计

a）分峰式 b）合峰式 c）剑立式 d）斧立式 e）流云式 f）斜立式

2）峦顶。山顶圆丘状隆起。主要有圆丘式、梯台式、玲珑式、灌丛式等。

3）崖顶。山崖即山体陡峭的边缘部分，常分为平坡式崖顶、斜坡式崖顶、悬崖。

4）平顶。当利用假山的山顶作为休憩场所，常将其设计成平顶。其主要类型有平台式、亭台式、草坪式等。

（4）山洞结构 假山山洞主要有盖梁式、挑梁式与券拱式等构造类型，如图2-19所示。

1）盖梁式假山洞。盖梁式假山洞又称为梁柱式假山洞，假山石梁或石板的两端直接放在山洞两侧的洞柱上，呈盖顶状，又分为单梁、丁字梁、井字梁、双梁、三角梁、藻井梁等。

2）挑梁式假山洞。假山山石从两侧洞壁洞柱向洞中间相对悬挑伸出，并合拢形成洞顶。

3）券拱式假山洞。用块状山石作为券石，做成拱形山顶，常用于大跨度的洞顶。

六、塑石假山设计

1. 塑石假山特点

（1）造型灵活 塑石假山在造型上不受山石形状限制，可以根据人们的意愿设计出比较理想的艺术形象，或刚健、雄厚，或明快、轻巧。人工塑石能够通过仿造表现黄蜡石、英石、太湖石、卵石等不同石材所具有的风格，无论在色彩与质感上都能取得较为逼真的效果。

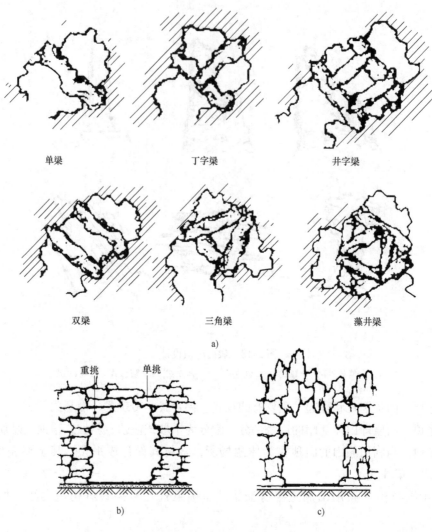

单梁　　　　　　　　丁字梁　　　　　　　　井字梁

双梁　　　　　　　　三角梁　　　　　　　　藻井梁

a)

重挑　　单挑

b)　　　　　　　　　　　　　　　c)

图 2-19　假山山洞构造类型

a）盖梁式　b）挑梁式　c）券拱式

（2）功能多样　塑石假山结合了艺术性和功能性，具有多种使用功能。除了作为挡土墙、石壁、山石器设等功能外，庭院中小型建筑或构筑物的外观可以采用塑石假山形式，既不影响内部空间的使用，又能提升观赏效果。

（3）施工简便　塑石假山施工方便，不受地形、地物限制。一般私人庭院面积较小，大型机械较难进入，重量大的山石在搬运上有较大的困难，而塑石假山所用的材料则不受限制。另外，塑石假山施工工期短，见效快。

（4）成本低廉　塑石假山所用的砖、水泥、砂、钢筋等来源广，价格低，即便是非产石地区也较易获取。

但塑石假山毕竟是人工材料塑造而成的，不能表现自然石的质地之美，难以达到天然石假山的神韵。因此在设计时要多考虑与植物、水体等结合，增加整体景观的生动性。

2. 塑石假山基本结构

（1）基础结构　根据基地土壤的承载能力和山体的重量，选择基础形式，确定基础尺寸大小。通常的做法是根据山体底面的轮廓线，每隔4m做一根钢筋混凝土柱基，如山体形状变化大，局部柱子加密，并在柱间做墙。

（2）山体骨架结构　根据山形、体量和其他条件选择山体骨架类型，主要有钢骨架、砖石骨架或二者结合的山体骨架形式。

1）钢骨架结构。先按照假山平立面造型设计，用直径12mm左右的钢筋，编扎成山石的模胚形状，交叉点最好用电焊焊牢，作为其结构骨架。然后再用铁丝网蒙在钢筋骨架外面，并用细铁丝紧紧地扎牢，如图2-20a所示。

2）砖石骨架结构。用废旧砖石材料砌筑成与设计石形差不多的形体，如图2-20b所示。为了节省材料，砌体可内空形成石室，然后用钢筋混凝土板盖顶，留出门洞和通气口。砖石骨架一般不设钢丝网，但形体宽大者也需铺设。

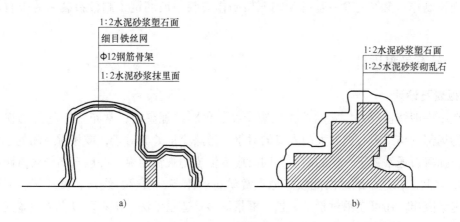

图2-20　山体骨架结构

a）钢骨架结构　b）砖石骨架结构

（3）面层结构　先用水泥、粗砂1:2调出水泥砂浆，加以适量黄泥及纤维性的附加料进行底泥塑形，抹面2~3遍，使塑石石面厚度达到4~6cm。然后按所仿造岩石的特点对塑石表面进行质感、色泽、纹理和表层特征等的刻画。一般用石粉、色粉按适当比例配白水泥或普通水泥调成砂浆，按粗糙、平滑、拉毛等塑面手法处理以形成特定的质感与色泽，在纹理刻画时要注意层次与逼真感。另外，还应做好山石的自然特征，如裂缝、孔洞、断层、位移等的细部处理。

3. 新型塑石假山工艺简介

（1）GRC（短纤维强化水泥）材料塑石假山　传统塑山工艺施工技术难度较大，皱纹不太逼真，材料自重大，并且易裂易褪色。为克服这些缺陷，近年来出现了一种新型的塑山材料——短纤维强化水泥（简称GRC）。它是用脆性材料如水泥、砂、玻璃纤维等结合而成的一种韧性较强的复合物。

它的主要优点表现在以下几方面：①山石造型、皴纹、质感逼真；②自重轻，强度高，抗老化，耐水湿；③易工厂化生产，施工方法简便，造价低，可在室内外及屋顶花园广泛使用；④可以利用计算机进行辅助设计。

GRC塑山的工艺过程由组件成品的生产流程和山体的安装流程组成。

1）组件成品的生产流程：原材料（低碱水泥、砂、水、添加剂）→搅拌、挤压→加入经过切割粉碎的玻璃纤维→混合后喷出→附着模具压实→安装预埋件→脱模→表面处理→组件成品。

2）山体的安装流程：构架制作→各组件成品的单元定位→焊接→焊点防锈→预埋管线→做缝→设施定位→面层处理→成品。

（2）FRP（玻璃纤维强化树脂）材料塑石假山　继GRC之后，目前还有另一种新型塑山材料——玻璃纤维强化树脂（简称FRP），也称为玻璃钢，是用不饱和树脂及玻璃纤维结合而成的一种复合材料。其特点是刚度好、质轻、耐用、价廉、造型逼真，同时还可预制分割，方便运输，特别适用于大型、易安装的塑山工程。其工艺流程如下：泥模制作→翻制石膏→玻璃钢制作→模件运输→基础和钢框架制作安装→玻璃钢预制件拼装→修补打磨→油漆→成品。

七、置石景观设计

1. 孤置石设计

孤置石一般体量较大、立面造型轮廓奇特、色彩纹理突出，常布置于庭院的视觉焦点处，作为局部的构图中心，如大门入口的对景，道路交汇处的对景，或相对封闭的小空间中的主景。孤置石通常置于平视的高度，同时应有恰当的观赏距离，一般石高与观赏距离介于1:3～1:2之间。在这个距离内能较好地观赏景石的体态、质感、线条、纹理等。为使视线集中，造景突出，还可使用对景、夹景、框景等多种造景手法。山石可以直接放置或半埋在地面上，也可以采用整形或自然的基座进行抬高，形成特置。

2. 对置石设计

对置的两块山石可以沿某轴线对称布置，也可以不对称布置，一般多设于建筑入口两侧或园路两旁。对置山石设计应注意两石体量大小、姿态方向的呼应关系，使两者在造型上顾盼有情，如图2-21所示。

图2-21　对置石景观设计

3. 散置石设计

散置石布置讲究"攒三聚五，散漫理之"，即用大小不等的山石，按照艺术美的规律和法则搭配组合，有聚有散，若断若续。

散置一般可以布置成子母石或散兵石，如图2-22所示。子母石的布置应使主石绝对突出，母石在中间，子石围绕在周围。子母石当以母石最高，母石应有一定的姿态造型，如卧、斜、仰、伏、翘、蹲等，要在单个石块的静势中体现全体石块共同的生动性。子石的形状一般不再造型，但整体倾向性和母石紧密联系，互相呼应。散兵石一般布置成分散状态，石块的密度不能大，各个山石相互独立最好。散兵石一般应采取浅埋或半埋的方式安置山石。山石布置好后，应当像是地下岩石、岩层的自然露头，而不能像是临时性放在于地面上。山石的平面一般按不等边三角形法则处理，要求每块山石服从于整体构图，有聚有散，疏密结合，形成一种韵律之美。

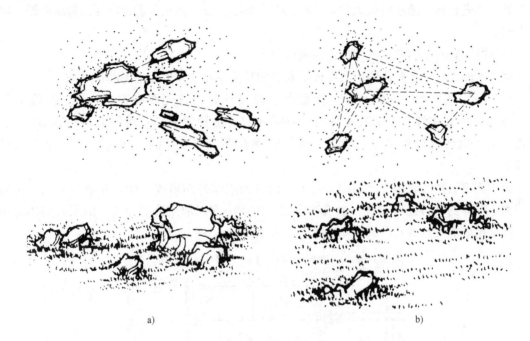

图 2-22　散置石景观设计

a) 子母石　b) 散兵石

4. 群置石设计

群置石布置特征与散置相同，只是山石数量有所增多，体量有所增大。散置石虽星罗棋布，仍气脉贯穿，形成统一的整体。散置与群置石在庭院中或置于建筑入口处、草坪上、粉壁前，或置于坡脚、池中、岛上，或与其他景物组合造景，创造丰富的景观。

5. 山石器设设计

山石器设不怕风吹日晒，结实耐用，设置灵活。一般宜布置于庭院环境优美及有良好庇荫之处，其造型多变，可以是精雕细琢的石器，也可以是简单粗犷的器设，但在形式与尺寸上都应注意实用性。

【实践操作】

一、天香庭院假山平面设计

天香庭院的假山主要位于庭院西北角及西南角，山体不大，采用土石结合的类型。庭院西北角引景区的假山先由土形成抬高的土丘，然后在山脚、山坡、山顶处布置山石，形成土石相间，草木相依的小型山丘；庭院西南角本身地势较高，再结合山石与植物，形成较具山林野趣的景象。

天香庭院的置石有孤置、散置及群置等多种类型。孤置石位于庭院入口处，正对园外道路，形成入口对景，并与植物组合形成树石小景；散置石主要散点于路旁、林下、建筑物角隅等处，形成自然、随意的景观效果；群置石主要结合驳岸及花台进行布置，高高低低、错落有致。

下面以天香庭院引景区的假山为例进行设计：

假山平面设计主要解决假山各组成要素的相互关系及整体平面轮廓形状安排。

（1）假山主、次、配峰布置　在假山平面设计时，首先要确定主、次、配峰的位置，突出主山和主峰，形成宾主分明、顾盼呼应的配置效果。主峰不宜居中布置，主、客山之间不宜形成对称布置，群山之间需疏密有度、前后穿插，切忌"一"字罗列成排成行。

天香庭院引景区假山为土石山，与下方的漩涡水潭共同形成"山水相依"景观。山脚采用大小不等的黄石连续布置，形成稳定感；山体中部以堆土造型为主，山顶采用体量不等、高低错落的天然黄石形成山峰，如图 2-23 所示。

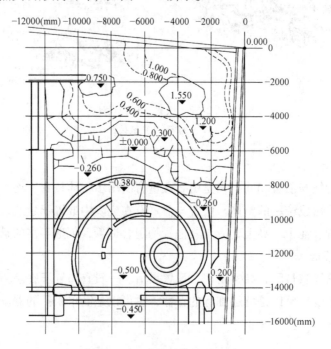

图 2-23　天香庭院假山平面图

（2）假山平面轮廓设计　假山的平面形状是以山脚平面投影的轮廓线加以表示的，对山脚轮廓进行布置称为"布脚"。

假山布脚要注意以下几点：

1）山脚线应设计成回转自如、断续相间的曲线形状，尽量避免成直线或直线拐角。

2）山脚曲线凸出或凹进的曲率半径应结合山脚的材料而定，一般土山曲率大，石山曲率不受限制，因此天香庭院山脚选择石材以增加平面轮廓变化。在确定山脚曲线半径时，还应结合山脚坡度，一般陡坡处半径小，缓坡处半径大。

3）要合理控制山脚基底的形状与面积，避免形状过于规则和面积过大，从而导致假山形体单调、呆板。

4）山脚布置要保证山体的稳定安全。当山脚线呈平直的直线形状时，其稳定性较差，增加山脚线的凸凹变化能够增加山体的稳定性。

在天香庭院假山布脚时，主要运用转折、错落、断续、延伸、环抱与平衡等手法，以增加山脚线的变化。

① 转折。平面的转折造成山势的回转、凹凸和深浅变化。

② 错落。山脚的凹凸变化采用不规则的错落处理，使山脚线自然且有变化。

③ 断续。在保证假山主体完整的情况下，其前后左右的边缘部分可用一些与主体分离的小山体来丰富假山变化。该庭院中则由几块与假山分离的山石形成断续感。

④ 延伸。山脊向外的延伸和山沟向内的延伸加强了山的深远感，如该庭院假山靠北侧围墙处山石由西向东延伸，形成山体余脉的效果。

⑤ 环抱。山之余脉前伸，形成环抱之势，创造出幽静的半封闭空间。该庭院假山在整体形态上形成向东南环抱之势，并与周边的卵石池、水潭、矮墙等景物共同形成统一的平面构图。

⑥ 平衡。假山变化需符合自然山体变化规律，各部分在变化中达到统一协调。

（3）植物景观布设　该处假山为土石山，具有较好的种植条件。植物主要布置于假山顶部，以增加山体高耸感，如图 2-24 所示。植物材料主要采用桂花、黑松、南天

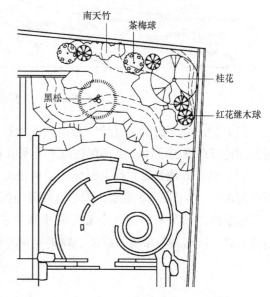

图 2-24　天香庭院假山植物配景布置

竹、红花继木球与茶梅球为主，一方面考虑高低、色彩的搭配，另一方面考虑与山石造型上的搭配关系，使两者相得益彰。

二、天香庭院假山立面设计

假山立面设计主要解决假山山形轮廓、立面形状态势和山体各局部之间的比例、尺度等关系，一般在假山平面设计时就应该构思其立面的造型，两者相辅相成。

（1）确定假山立面高度及体量　假山的整体高度与体量应充分考虑假山所在庭院空间的大小及假山与周边环境的比例关系，一般庭院的面积通常不大，因此，假山的体量也不必太大。

天香庭院引景区假山可视为外围自然山体的余脉，因此设计得比较低矮，主峰标高为1.55m，与下面卵石铺地之间的高差为2.05m，需通过后侧植物配置增加整体地形高度，同时形成"山"与"林"的配合。

（2）假山立面的层次设计　在立面层次上，结合平面主、次、配峰位置，形成高低错落的关系，主、次、配的高度比通常为3:2:1左右；再次考虑假形状态势，或高耸或平缓或巍峨或险峻，并对其山巅、山腰、山脚等作出合理的处理，可以借鉴中国传统山水画的画理进行"三远"处理。

天香庭院假山较低矮，造型舒缓，土石相间，虽然没有石山所表现的俊秀之美，却能让人感觉朴实之雅趣，如图2-25所示，假山与下方的漩涡形成统一的立面造型。山脚层层叠石与山顶错落的山石形成呼应关系，也增加了立面层次的丰富性。

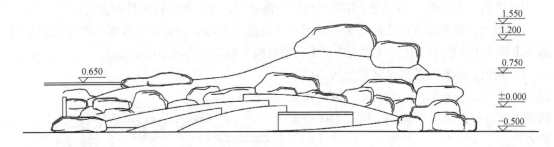

图2-25　天香庭院假山立面图

（3）假山立面的形态设计　假山立面形态是假山造型的关键，主要是对山体轮廓及各观赏面进行详细的设计，使其在立面上呈现出来平、曲、凹、凸、虚、实等变化。

（4）结合其他景物立面共同设计　假山立面设计可以结合植物及其他园林景观要素立面共同考虑，如图2-26所示，天香庭院假山配置植物后的整体效果。除了植物还可以结合等其他景物，如图2-27所示，该庭院中作为水系暗道入口的山石洞口立面，不仅山石立面错落有致，同时还与植物、挡墙、题刻等共同形成层次丰富的景观。

图2-26　天香庭院假山与植物配景

图 2-27　天香庭院水系暗道洞口造型

三、天香庭院假山结构设计

该假山为土石山，体量不大，山脚布置高低错落的山石，中部堆土为主，山顶配石成峰。顶部山石采用部分埋入土中的做法，山脚处山石采用 1∶2.5 水泥砂浆砌筑，下方设置 100mm 厚 C10 混凝土基础及 50mm 厚碎石层，具体做法参见天然石假山基本结构相关内容。

【思考与练习】

1. 假山与置石分别有哪些类型？
2. 请阐述假山与置石平立面设计要点。
3. 叠石假山基础结构类型、山体结构类型、山顶结构类型及山洞结构类型分别有哪些？
4. 为前述 20 号别墅庭院设计一座假山，假山类型不限，将其布置于合适的位置，并完成假山平面图、立面图、剖面图，要求体量适宜，平面、立面造型美观，层次丰富，剖面结构设计合理。

任务三　庭院水池景观设计

水池是庭院中最为常见的一种水景，清澈、明净的水体给人以自然、亲切、灵动的感觉，能够增加庭院景观的韵味。虽然不同风格庭院中水池景观有较大的差异，或自然婉约、或简洁大方、或意境深远等，但都能形成优美庭院景观，并对庭院整体风貌的形成具有至关重要的作用。水池可以单独设置，也可与瀑布、叠水、溪流、喷泉等水景统筹安排。

【任务分析】

本任务主要包括以下三方面内容：

1）庭院水池平面设计，主要是对水池平面形状与尺寸进行设计，并处理好水池平面与空间的关系。

2）庭院水池立面设计，主要对水池的岸壁进行设计，包括驳岸、护坡设计，或池壁设计，确定各部分高度及水池深度。

3）庭院水池结构与管线设计，确定水池的构造、材料及管线布置。

【工作流程】

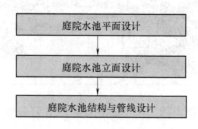

【基础知识】

一、庭院水池类型

1. 静水倒影池

水体有动静之分，静态的水面能够形成镜面效果，使水体呈现优美的倒影。以观赏静态水景及其倒影效果为目的的水体，称为静水倒影池，如图2-28a所示。静水倒影池能够通过光影所形成的虚空间扩大庭院空间感，增加景物的空间层次，同时实景与虚景的对比能够产生虚实相生的效果。

2. 动水承水池

动水是指动态的水体，能够为庭院增加动感与生气，如喷泉、瀑布、叠水、溪流等。动态水体往往需要水池来承接下落的水体，即动水承水池，如图2-28b所示。庭院中的动水承水池一般作为配景，与作为主景的动水相辅相成。

3. 休闲泳池

游泳是人们较为喜欢的一项休闲运动，庭院中的泳池能够为人们提供一个舒适与安静的环境，让人们身心得以放松。休闲泳池平静的水面、优美的造型也是庭院中一道亮丽的风景，如图2-28c所示。

4. 鱼池与水生植物池

鱼池与水生植物池在小庭院中最为常见，如图2-28d所示。两者往往密不可分，或以鱼为主，或以水生植物为主，能够形成"花着鱼身鱼啜花"的动人景观，同时两者能够达到很好的共生关系。水生植物能够避免水体富营养化，提高水体的含氧量，为鱼类创造良好的环境；鱼类的粪便又为水生植物提供很好的有机肥。

图 2-28　庭院水池类型

a）静水倒影池　b）动水承水池　c）休闲泳池　d）鱼池与水生植物池

二、水池在庭院中的作用

水池在庭院中的作用主要表现在以下几方面：

1）构成庭院景观，美化庭院环境。

2）吸收粉尘，增加空气湿度，调节庭院小气候。

3）为水生植物及鱼类创造良好的生存条件，增加庭院生物多样性。

4）营造丰富而深远的意境，陶冶人们的情操。

5）有利于形成理想的庭院风水环境。

三、庭院水池平面设计要点

1. 常见水池平面形状

水池的平面形状直接影响到庭院水景的表现效果，对庭院风格形成有直接的影响。水池平面形状主要有规则式、自然式与混合式等三种形式，如图 2-29 所示。

自然式水池的水岸可以是自然流畅的曲线形，也可以是曲曲折折的自然形，平面形状自由、活泼，能够打破建筑呆板、平直的线条，为庭院增加动感与活力。自然式水池形状较为多变，常见的形状有肾形、葫芦形、钥匙形、菜刀形、兽皮形、指形、聚合形等，如图 2-30所示。

规则式水池平面形状由规则的直线岸边或有轨迹可循的曲线岸边围合而成，平面线条简洁、明快，能够较好地与建筑平面形式相协调。规则式水池形状多为几何形，如正方形、长方形、六边形、圆形、椭圆形等，以及多种几何形组合而成的形状，如图 2-31 所示。

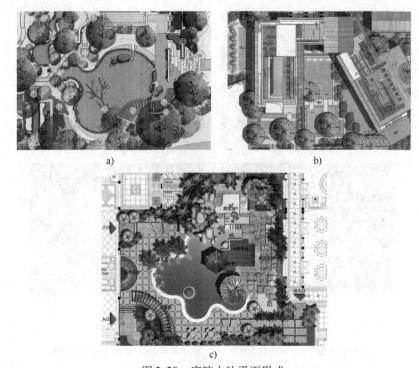

图 2-29　庭院水池平面形式

a）规则式水池　b）自然式水池　c）混合式水池

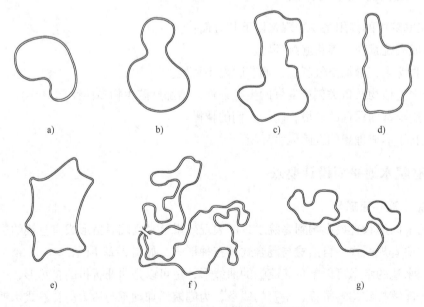

图 2-30　自然式水池常见平面形状

a）肾形　b）葫芦形　c）钥匙形　d）菜刀形　e）兽皮形　f）指形　g）聚合形

　　混合式水池是指前两种形式交替穿插形成的水池，兼有两者的特点，既能很好地与庭院建筑相协调，又能形成自然、灵活的平面构图。

图 2-31 规则式水池常见平面形状

2. 水面空间处理手法

在庭院水池设计中，还要处理好平面与空间的关系，通过平面的变化增加空间的变化。在平面设计时要注意以下几点：

1）可以结合凸岸、桥、岛、建筑物、堤岸、汀步等丰富水池空间层次，增强空间的景深感。

2）水池平面形状宜有大小、曲直、凹凸等变化，但要注意水池岸线除山石驳岸有细碎的曲弯与急剧的转折外，一般岸线的弯曲不宜太急，应缓和些。

3）水池岸线外凸可形成凸岸，其对面一般不要再对称设置凸岸，以免构图呆板。

4）水池中需设置园桥联系交通时，宜布置于水面较窄的地方，并通过园桥分隔成大小不同的水面空间，如图 2-32a 所示。

5）庭院中水面较大时，可设置堤岸分隔水面，堤岸的形状要与水池的形状相协调，布置位置宜偏于一侧以形成两个不同的水面，一个面积较大，一个呈狭长的带状，如图 2-32b 所示。

6）水中设岛应注意与水面的比例关系，水池面积不大不宜设岛。设置时也不宜居中，应偏于一侧，如图 2-32c 所示。

7）水池中可设置亭、廊、树等丰富水景空间，此时注意要注意水池形状与建筑物形状的协调关系。

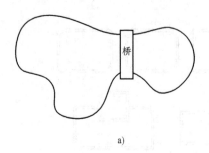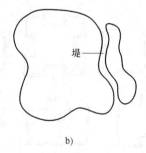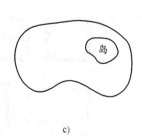

a)   b)   c)

图 2-32　水面空间分隔

a）利用桥分隔　b）利用堤分隔　c）利用岛分隔

3. 水面大小控制

水池水面的大小宽窄与环境的关系比较密切。水面的直径或宽度与水边景物高度之间的比例关系对水景的封闭性有较大影响。水面窄、水边景物高，水域内视线仰角比较大，水景空间闭合性比较强；水面宽、水边景物低，水域内视线的仰角较小，水景空间则比较开敞。因此，在水池平面尺寸设计时首先要考虑与整体环境的比例关系，让其形成合适的欣赏视角与合理的闭合度。

当庭院中水池面积较大时，通常要对水面进行一定的划分，此时要注意对水面各部分的比例控制。一般水面要有主有次，有一块突出的主要水面，并使主要水面面积至少应为最大一块次要水面面积的 2 倍以上。

四、庭院水池立面设计要点

水池的立面景观主要由水池岸壁的类型及其立面造型决定。根据水池池底构造不同，其岸壁类型也往往不同，一般自然式水池岸壁多采用驳岸与护坡的形式，规则式水池大多通过丰富的池壁与池沿造型增加水池立面变化。

1. 驳岸与护坡设计

驳岸和护坡都是护岸的形式，通过采用工程措施避免水岸遭受各种自然因素和人为因素的破坏，如图 2-33 所示。驳岸和护坡主要区别在于驳岸多采用岸壁直墙，有明显墙身，岸壁坡度大于 45°；护坡是在土壤斜坡上铺设护土材料，保护坡面、防止雨水径流冲刷及风浪拍击对于岸坡的破坏，在土壤斜坡 45° 内可用护坡。

a)   b)

图 2-33　驳岸与护坡

a）驳岸　b）护坡

（1）驳岸 驳岸主要分规则式驳岸与自然式驳岸，规则式驳岸是指用块石、砖、混凝土等砌筑的比较规整的岸壁，自然式驳岸形式多样，如山石驳岸、树桩驳岸、仿树桩驳岸等。一般规则式驳岸规整、简洁，适宜于周围为规整的建筑物，或营造简约、明快的氛围时应用。自然式驳岸适宜于水池岸线曲折、迂回，周围有假山、土丘等地形，或营造自然幽静、闲适的气氛时应用。

庭院中的驳岸具体可以采用以下几种类型：

1）山石驳岸。采用天然山石，不经人工整形，砌筑而成的驳岸。

2）浆砌块石驳岸。采用水泥砂浆砌筑块石驳岸，并用水泥砂浆做抹缝处理，使岸壁形成冰裂纹、松皮纹等装饰性缝纹。

3）干砌块石驳岸。利用大块石的自然纹缝进行拼接镶嵌，而不用任何胶结材料。驳岸缝隙密布，生态条件比较好，有利水中生物的繁衍和生长。

4）整形石砌体驳岸。利用加工整形成规则形状的石条，整齐地砌筑成条石砌体驳岸。

5）钢筋混凝土驳岸。以钢筋混凝土材料做成驳岸，混凝土表面可进行饰面处理，其整齐性、光洁性和防漏性都较好。

6）砖砌驳岸。采用标准砖砌筑的驳岸，一般表面需进行饰面处理。

7）板桩式驳岸。多使用混凝土桩、板等砌筑。

8）塑石驳岸。用砖或钢丝网、混凝土等砌筑骨架，外抹（喷）仿石砂浆并模仿真实岩石雕琢其形状和纹理，形成类似自然山石的驳岸。

9）仿树桩、竹驳岸。利用钢筋混凝土和掺色水泥砂浆塑造出竹木、树桩形状作为岸壁。

驳岸类型选择不同，其立面造型也各不相同。但无论哪种类型驳岸在立面处理时都要保证其岸顶的高程比最高水位高出一段距离，以确保水体不致漫到地面，同时也不能过高而影响亲水性。

虽然驳岸类型较多，但的基本构造都由压顶、墙身、基础构成，如图2-34所示。

① 压顶。驳岸的顶端结构，能够增加驳岸稳定性，美化水池岸线。一般压顶向水面有所悬挑，常采用混凝土压顶、山石压顶等材料，宽度为300~500mm。

② 墙身。驳岸主体，常用材料为混凝土、毛石、砖等，还有用木板、毛竹板等材料作为临时性的驳岸材料。墙身需确保一定的厚度，其高度需根据水池的水位情况而定。

③ 基础。驳岸的底层结构，作为承重部分，基础要求坚固，常采用混凝土、块石等材料，厚度在400mm左右。

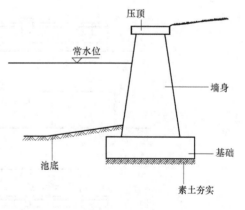

图2-34 常见驳岸结构

有时基础下面还设置垫层，常用材料如矿渣、碎石、碎砖等整平地坪，以保证基础与土层均匀接触。另外，当地基表面为松土层且下层为坚实土层或基岩时宜用桩基。主要有木桩、石桩、灰土桩、混凝土桩、竹桩、板桩等。

（2）护坡 与驳岸相比，缓缓伸向水中的护坡能产生自然亲水效果。根据水池护坡材料不同，庭院水池护坡主要可以采用铺石护坡与植被护坡。

铺石护坡可以选用块石进行整齐地砌筑，形成平整的斜坡；也可以将卵石、砾石等按一定的级配与层次堆积于斜坡的岸边，营造浓郁的自然风情。铺石护坡石料一般选用石质坚硬的顽石，比重大，吸水率小，18～25cm 直径为宜，坡脚可用条石或块石干砌支撑。

草坪与灌木等植被护坡适于水池岸坡较缓处，可以形成植物与水体的自然过渡。当岸壁倾角在自然安息角以内，多用草皮护坡，利用密布土壤中的草根来固土，使其不滑坡。护坡草种要求耐水湿，根系发达，生长快，如假俭草、狗牙根等。护坡的灌木要具备速生、根系发达、耐水湿、植株矮小的特点，多为常绿小灌木。

2. 池壁与池沿设计

（1）池壁 根据水池池壁壁顶与周边地面的高程关系不同，可设计成高于路面的形式，或低于路面的沉床式水池。一般沉床式水池对于立面造型要求不高，而对高于路面的水池而言其立面造型对水池的景观效果具有决定性作用。

池壁即水池的侧壁，其造型设计主要可以从以下几方面进行考虑：

1）一般水池池壁立面造型较为简洁，以水平直线为主，如图 2-35a 所示。

2）通过加入一些装饰柱或装饰块使池壁在线形、高低等方面有些变化，打破单调感，如图 2-35b、图 2-35c 所示。

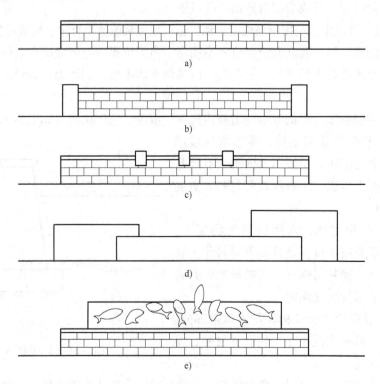

图 2-35 水池池壁立面造型设计

a）平直的池壁造型 b）、c）结合装饰柱、装饰块造型 d）高低组合造型 e）与景墙组合造型

3）通过不同高度与大小的水池的组合与穿插，形成高低错落的立面效果，如图2-35d所示。

4）结合景墙、花池、瀑布叠水、雕塑小品等景物共同进行立面造型，以丰富水池立面变化，同时形成协调统一的景观，如图2-35e所示。

5）水池池壁立面高度需要结合水池的水深要求及与周边景物的关系考虑。一般水池的池壁不宜太高，以免使庭院中的水面显得狭小、局促。另外，池壁高度还可以结合休憩需要做成坐凳式池边，高可为35～45cm。

（2）池沿　池沿是池壁之上的压顶部分，池沿造型常见有六种形式，如图2-36所示。有沿口的压顶，能够快速消能，有利于形成平静的水面，减少水花向上溅溢。如做成无沿口的压顶，则能使水面在风浪作用下形成水花飞溅的动感效果；压顶可做成坡顶（单坡、双坡）、拱顶、平顶等形式。

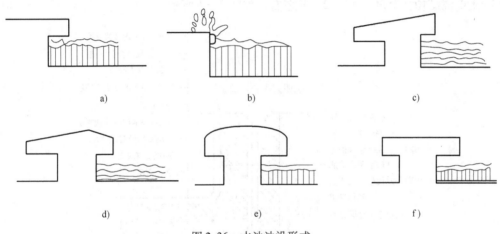

图2-36　水池池沿形式

a）有沿口　b）无沿口　c）单坡　d）双坡　e）拱顶　f）平顶

池沿设计时最好稍微向池外边倾斜，这样可以防止杂物漂浮到池塘的水面上。一般下沉式水池池沿应比周围的地面高出5～10cm，可以起到防护的作用。

3. 水池水深设计

水池水深指水池底部到水面的高度。庭院中水池深度不宜过深，一般在1m以下，自然式水池深度在0.6～0.8m为宜，否则应采取相应的安全措施。当水池水较深时，在水池距岸边、桥边、汀步边以外宽1.5～2m处的带状范围内，要设计为安全水深，水深不超过0.7m。

规则式水池一般较自然式水池要浅，通常为0.3～0.6m，儿童嬉水池一般水深多为0.2～0.3m。

水生植物种植池与鱼池的水深要根据所种植的水生植物及饲养鱼的种类而定，多为0.3～1.5m，如种植荷花的水池水深以0.6～1m为宜，鱼池水深为0.3～0.6m即可，如鱼类要在室外过冬则鱼池水深应达到1m以上。

庭院中的儿童泳池深度多在0.5m左右，成人泳池以1.2m左右为宜。儿童池与成人池可以一起设计，一般将儿童池放在较高位置，通过阶梯式或斜坡式叠水流入成人泳池，既可满足不同的水深要求，又可丰富泳池造型。

五、常见庭院水池结构

1. 刚性水池结构

刚性水池又称为钢筋混凝土结构水池，其水池池底和池壁均配钢筋，因此寿命长、防漏性好，是庭院水池较为常用的结构类型。一般由基础、池底、池壁、压顶、进水口、泄水口、溢水口等组成，其中池底与池壁还需进行防水处理。

1）基础。基础在北方地区常采用灰土层和混凝土层组成，灰土层一般厚 30cm，C10 混凝土垫层厚 10~15cm；南方地区则较多采用混凝土层，并在其下设置碎石垫层。

2）池底。池底直接承受水的竖向压力，要求坚固耐久。刚性水池池底一般采用防水钢筋混凝土现浇结构，厚度在 10~20cm 左右，如图 2-37 所示。

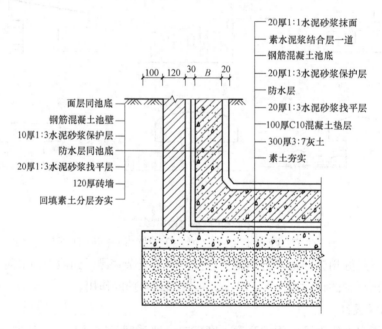

图 2-37　常见刚性水池结构

3）池壁。水池竖向部分，起围护作用，承受池水的水平压力。池壁通常采用钢筋混凝土整体现浇，也可采用内外壁分开设置的形式，内壁采用钢筋混凝土与池底浇筑为一体，外壁可采用砖砌或块石砌筑，如图 2-37 所示。面积较大的水池还应考虑设置伸缩缝、沉降缝，这些构造缝应设止水带，用柔性防水材料填塞。

4）压顶。池壁最上部分，其作用是保护池壁，强化水池边界线条。一般可用石材压顶或混凝土压顶。

5）进水口。水池水源一般为人工水源，为了给水池注水或补充水，应当设置进水口，进水口可以设置在隐蔽处或结合山石布置。

6）泄水口。为便于清扫、检修和防止停用时水质腐败或结冰，水池应设置泄水口。泄水口应设置于水池最低处，并使池底有不小于1%的坡度。泄水口还需设置格栅或格网，其栅条间隙和网格直径以不大于泄水管管径1/4为宜。

7）溢水口。为防止水满从池顶溢出到地面，需设置溢水口使水从溢水管排出，以保持水池稳定的水位。溢水口外应设格栅或格网，以防止较大漂浮物堵塞管道。格栅间隙或筛网网格直径应不大于溢水管管径的1/4。

2. 柔性水池结构

近些年，伴随着新型建筑材料的出现与广泛应用，水池建造技术得到了较大的突破，摆脱了传统光靠抗渗钢筋混凝土进行防渗的处理办法，通过采用柔性不渗水材料作为水池防水层取得了较好的效果。尤其对于北方地区水池的渗漏冻害，较适合采用柔性防水材料进行处理。柔性防水材料可以铺设于灰土、混凝土等垫层之上，还可以直接铺设于自然基土之上，从而大大降低了水池的建造成本，其池底结构主要包括基层、防水层、保护层等，如图2-38所示。

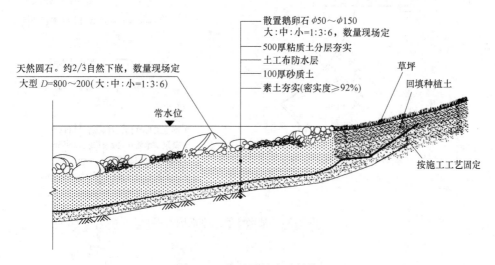

图2-38　常见柔性水池结构

1）基层。一般池底如果地质条件较好，可直接将原土层辗压夯实即可。沙砾或卵石基层经碾压平整后，其上须再铺设150mm厚细土层。如果池底持力层为松软土层，可用人工砂垫层或砂石垫层替代软弱土层。

2）防水层。目前庭院水池中较常用的柔性防水材料主要有：沥青玻璃布、三元乙丙橡胶薄膜、聚氯乙烯薄膜、再生橡胶薄膜、油毛毡防水层（二毡三油）等。

3）保护层。在防水层之上铺设200~500mm黏土层，并按要求分层夯实，以保护防水薄膜不受破坏。黏土应选用不含块石、杂质等良好黏性土壤，并注意黏土的含水量，夯实密实度要符合设计要求。一般景观水池水流往往是循环流动的，而且有时会种植一些水生植物。为了保证水质洁净，不使土壤流失，一般还可在最上面铺设一层卵石。

六、庭院水池管线布置要点

庭院水池管线布置，可结合水池平面图，标出给水管、排水管、上下水闸门井、水泵等

庭院景观与绿化设计

位置，如图 2-39 所示。另外，上水闸门井平面图要标明给水管的位置及安装方式；如果是循环用水，还要标明水泵及电机位置。上水闸门井剖面图，不仅应标出井的基础及井壁结构材料，而且应标明水泵和电机的位置及进水管的高程。下水闸门井平面图应反映泄水管、溢水管的平面位置；下水闸门井剖面图应反映泄水管、溢水管的高程及井底部、壁、盖的结构和材料。

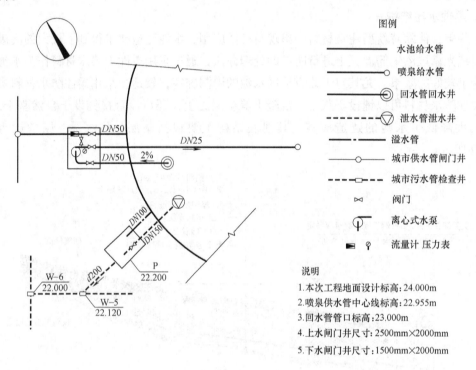

图例

———— 水池给水管

—•— 喷泉给水管

—◎— 回水管回水井

---▽--- 泄水管泄水井

———— 溢水管

—○— 城市供水管闸门井

---╪--- 城市污水管检查井

⋈ 阀门

○ 离心式水泵

▭ ○ 流量计　压力表

说明

1.本次工程地面设计标高:24.000m

2.喷泉供水管中心线标高:22.955m

3.回水管管口标高:23.000m

4.上水闸门井尺寸:2500mm×2000mm

5.下水闸门井尺寸:1500mm×2000mm

图 2-39　某水池管线平面图

【实践操作】

一、天香庭院水池平面设计

1. 水池平面形状设计

水池平面形状设计主要与所在庭院的庭院风格、环境氛围、建筑形式等协调，"随曲合方"，灵活变化。

天香庭院核心水池面积较大，位于后庭，与外界水体相通，其平面形状呈混合式。在构图上既有较为规整的直线形，又有较为优雅的几何曲线形，还有自然流畅的自由曲线形，如图 2-40a 所示。该水池平面设计中主要考虑"神秘的水"的庭院主题，"漩涡"的螺旋形是该庭院平面不可或缺的元素，同时结合水流的方向使岸线形成自然的凹凸。在水体与主体建筑、道路铺装的衔接处采用一些直线形进行过渡。水池的整体形状在风水上形成环抱建筑的内弧形。

该庭院艺术水池位于侧庭，其平面形状呈规则式构图，如图 2-40b 所示。该处水体与外界水体不通，为相对独立的内循环。水池整体上以矩形为基本轮廓，并在中间穿插一些凹凸变化，主要考虑与上方叠水及周边建筑形成统一的构图。

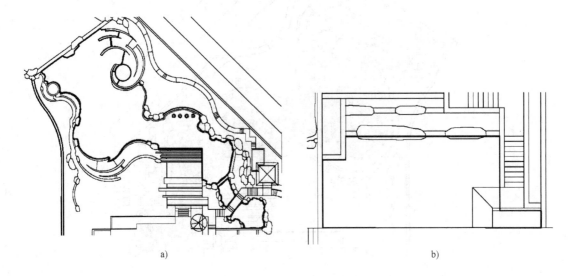

图 2-40 天香庭院水池平面形状

a）混合式水池 b）规则式水池

2. 水池空间关系处理

该庭院两个水池整体上形成一刚一柔的两个水面空间。规则式的艺术水池面积不大，需使水面集中布置，以扩大空间感，因此除了结合交通需要设置木栈桥进行大小水面划分外，不再做其他空间分割。核心水池面积相对较大，因此需进行适当的空间分割，以增加空间的层次与景深。

该水池空间整体上形成大、中、小三段式布置，如图 2-41 所示。

1）"漩涡"平台所在的区域水面较大，构图上以流畅的弧形曲线为主，该处亲水平台、卵石滩等的设置与岸线结合形成凹凸变化。

2）中部水面面积有所减小，通过凸岸与上方水体形成分隔。在构图上曲直结合，建筑明堂铺地的直线条与对岸弧形景墙及山石驳岸的曲线条形成强烈的对比效果。

3）景观桥所在的空间面积不大，但对庭院整体水系来说是转折性的空间，是自然与规则水面过渡的空间，中心水池的水流通过该空间转入暗道排出到园外。该处水面通过水坝与上方水面进行分隔，形成独立的水蚀洞壑景观。同时该空间设置景观桥联系两岸交通，丰富了空间层次，也形成较好的观赏点。

3. 水池平面尺寸设计

该庭院水池水面大小尺寸的设计主要考虑以下几方面内容：

1）水面大小与周边景物的高低关系，形成合理的封闭性。核心水池的大水面平均宽度在 15m 左右，周边景物高度约 5m，此处视距与视高的比值在 3 左右，空间相对开敞。其中水面与小水面视距与视高比值逐渐减小，封闭性有所增加。另外，规则式水池的水面宽度为

5.3m 左右，该处欣赏视距与视高比值大致在 1～2，形成相对封闭的空间。

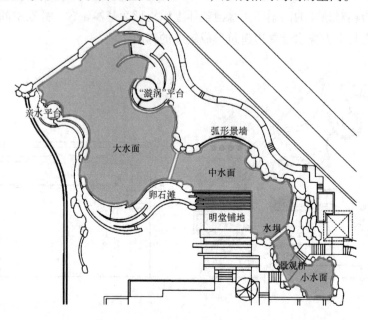

图 2-41　天香庭院中心水池空间处理

2）水面各部分比例的控制，有主有次。中心水池大水面面积为中水面面积 2 倍左右，而中水面面积为小水面面积 3 倍左右，形成较好的主次关系。规则式艺术水池通过木栈桥所分隔的大小水面面积相差较为悬殊，其主水面的主导地位较突出。

3）庭院核心水池因与外界水体相通，因此在尺寸设计时除考虑整体协调性外，还需考虑泄洪时的流量要求，使水面大小与深度能够符合泄洪要求。

二、天香庭院水池立面设计

1. 驳岸设计

天香庭院核心水池的岸壁主要采用驳岸形式进行处理，既有自然式，也有规则式。

1）自然式驳岸。利用本地最为常见山石作为压顶构筑自然山石驳岸，营造具有乡土气息的水景，如图 2-42a 所示。

2）规则式驳岸。通过规则式驳岸与建筑形体取得协调，规则驳岸墙体采用砖砌，表面以文化石装饰，顶部以花岗岩条石压顶，如图 2-42b 所示。

两种形式的驳岸基本构造都由压顶、墙身、基础等构成，两者除了压顶不同外，墙身与基础做法基本相同。墙身均采用 M7.5 水泥砂浆砌 MU10 标准砖，中间设置 PE 防水膜，墙体表面采用 30mm 厚文化石贴面；基础采用 80mm 厚 C15 混凝土，同时砖墙下方设置大放脚；垫层采用 120mm 厚碎石垫层。自然山石压顶采用 M2.5 水泥砂浆砌筑，山石间隙用水泥砂浆填塞，其表面敷山石粉末以掩饰缝口，如图 2-43a 所示；压顶的条石采用 50～300mm 宽芝麻白花岗岩，形成具有宽窄变化的弧形岸墙，如图 2-43b 所示。

a)   b)

图 2-42 天香庭院水池驳岸类型

a)山石驳岸 b)砖砌驳岸

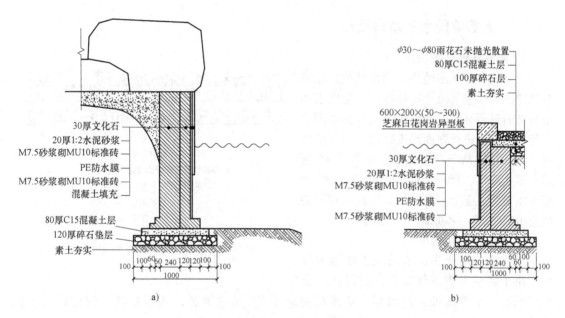

图 2-43 天香庭院中心水池驳岸结构

a)山石压顶 b)条石压顶

2. 水池池壁设计

天香庭院艺术水池为低于路面的沉床式水池,其立面造型要求不高,主要考虑与叠水墙造型上的协调关系。该处水池西面与叠水相衔接,东面与地下室前的木平台相连,木平台略有挑出形成池沿,另外两侧均与墙面相连,如图 2-44 所示。

3. 水池水深设计

天香庭院中心水池的水深需考虑泄洪要求,所以设置的相对较深,且各处深浅不一,其中大水面中心深度为 1.05m,中水面中心深度为 0.75m,平台周边考虑安全水深要求,其深度为 0.55m。该庭院艺术水池较为独立,不受外部水系影响,其水深设置为 0.4m。

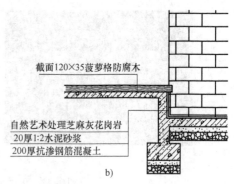

截面120×35菠萝格防腐木

自然艺术处理芝麻灰花岗岩
20厚1:2水泥砂浆
200厚抗渗钢筋混凝土

a)   b)

图 2-44　天香庭院艺术水池池壁设计

a) 水池与周边景物衔接情况　b) 水池池壁结构

三、天香庭院水池结构设计

1. 刚性水池结构设计

天香庭院艺术水池采用刚性结构，池底与池壁采用钢筋混凝土整体现浇，池底表面散置卵石进行装饰，池壁则采用自然处理的芝麻灰花岗岩进行贴面形成冰梅纹的装饰效果。池底结构从下往上做法，如图 2-45 所示：素土夯实→150mm 厚碎石垫层→100mm 厚 C15 混凝土基础层→200mm 厚抗渗钢筋混凝土池底→$\phi 50 \sim \phi 80$mm 卵石散置。

2. 柔性水池结构设计

天香庭院混合式水池采用柔性结构做法，由于底层土壤条件较好，所以在原土

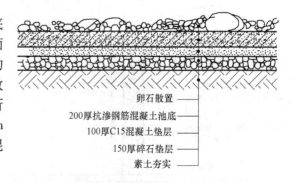

卵石散置
200厚抗渗钢筋混凝土池底
100厚C15混凝土垫层
150厚碎石垫层
素土夯实

图 2-45　天香庭院规则式水池池底结构

夯实的基础上直接铺设防水层，防水材料采用 PE 防水薄膜，然后在其上铺设黄黏土保护层。

【思考与练习】

1. 庭院中常见水池的类型有哪些？

2. 水池平面形式有哪几类？阐述如何进行水池的空间处理与尺寸设计。

3. 驳岸与护坡的类型有哪些？

4. 阐述如何进行水池立面造型设计。不同类型水池的水深要求是什么？

5. 为前述 20 号别墅庭院设计一个水池，水池类型不限，将其布置于合适的位置，并完成水池平面图、立面图、剖面图，要求体量适宜，平面、立面造型美观，层次丰富，结构设计合理。

任务四　庭院瀑布与叠水景观设计

瀑布与叠水都是落水景观，具有丰富的姿态与悦耳的音响效果，往往形成庭院主景。一般而言，瀑布是指自然形态的落水景观，能够让人感受自然乡野的气息，富有野趣；叠水是指水

分层连续流出，或呈台阶状流出的水体，形状规则的叠水能够表现一种简洁、明快的水景。

【任务分析】

本任务主要包括以下三方面内容：
1）庭院瀑布与叠水布局设计，主要是确定瀑布与叠水在庭院中的位置及与周边景物关系。
2）庭院瀑布与叠水造型设计，确定瀑布与叠水的类型，对落水形态、尺寸进行设计。
3）庭院瀑布与叠水结构与管线设计，确定瀑布与叠水的构造、材料及管线布置。

【工作流程】

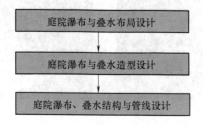

【基础知识】

一、庭院瀑布与叠水类型

1. 庭院瀑布类型

庭院中的常见瀑布类型主要有直落式、滑落式、叠落式及枯瀑四种类型。

（1）直落式瀑布　直落式瀑布指水体下落时未碰到任何障碍物而垂直下落的一种瀑布，如图 2-46a 所示。水体下落过程中是悬空直落的，其形态取决于瀑布落水口的形状。如落水口宽阔平整，则水流呈厚薄均匀的布帘状水幕；如落水口凹凸不平，或深或浅，或宽或窄，则水流会从下凹处落下，形成粗细不同的水柱，或宽窄不一的水幕。

（2）滑落式瀑布　滑落式瀑布是指水体沿着较陡的倾斜坡面滑落而下的一种瀑布形式，如图 2-46b 所示。斜坡表面的材料质地情况决定了滑瀑的水景形象。斜坡表面平整、光滑，则滑瀑呈平滑的透明薄片状，水流轻盈、静谧；斜坡表面凹凸不平，水流滑落过程中会激起许多水花，水流生动、活泼；斜坡表面呈有规律排列的图形纹样，则水流也会形成相应的图案效果。

（3）叠落式瀑布　叠落式瀑布是指水体呈分级跌落状态的一种瀑布形式，如图 2-46c 所示。叠落式瀑布在平面上占据较大的进深，立面也较为丰富多变。

（4）枯瀑　这是日式庭院常用的一种瀑布形式，有瀑布之型而无水者称为枯瀑，可以通过枯水流的设计方式，造出与真瀑相似的效果，如图 2-46d 所示。一般在石面上涂铁锈色氧化物，以形成水体流过石面的效果，其下的蓄水池及水流，常常改为枯水流。

2. 庭院叠水类型

庭院叠水常见类型主要有单级叠水、二级叠水及多级叠水三种类型。

（1）单级叠水（一级叠水）　水流通过一级落差直接跌落的叠水形式，如图 2-47a 所示。

图 2-46　瀑布常见类型

a）直落式瀑布　b）滑落式瀑布　c）叠落式瀑布　d）枯瀑

（2）二级叠水　水流通过二级落差分层跌落的叠水形式，如图 2-47b 所示，通常上级落差要小于下级落差，一般水量较单级叠水要小。

图 2-47　叠水常见类型

a）单级叠水　b）二级叠水　c）多级叠水

（3）多级叠水　水流通过三级以上落差分层跌落的叠水形式，如图2-47c所示，多级叠水一般水量较小，各级均可设置蓄水池（或消力池）。

二、庭院瀑布设计要点

1. 瀑布平面布局

瀑布在自然式庭院中较为常见，其平面布局要点如下：

1）庭院瀑布整体布局主要采用自然式手法，以模拟自然界中的瀑布景观，形成"高山流水"的声响效果与意境。

2）瀑布往往结合假山与水池（潭）进行布置，通常还与溪流相衔接，形成瀑布—溪流—水池三段式布置。

3）瀑布源头处应有深厚的背景，可在瀑布蓄水池周边布置山石和树木形成"水之源头"的感觉。

4）瀑布水池前往往需设置一定的铺地或观景平台供人停留、休憩，若想使观赏者能够临近瀑布，还可在水池临近瀑布处设置自然矶石汀步。

2. 瀑布水型设计

瀑布的水型主要由瀑布落水口的形式及瀑身所依附的山石的堆叠情况所决定，因此，瀑布的造型设计，实际上是根据瀑布水造型的要求对瀑布落水口及山体的造型进行设计。

庭院中常见瀑布落水口的形式主要有三种，分别形成布瀑、带瀑与线瀑三种水形，如图2-48所示。落水口为一条连续平直的直线时，可以形成布瀑；落水口设计成排列整齐的宽齿状，使齿间距与间隙均相同，则可以形成带瀑；落水口设计成排列整齐的尖齿状，使尖齿紧密相连，则可以形成线瀑，当瀑布水量不同，线的粗线也会有所不同。另外，落水口的大小也决定瀑布的宽窄。

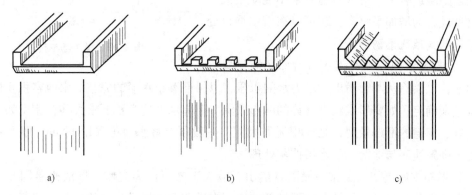

a)　　　　　　　　b)　　　　　　　　c)

图2-48　落水口形式与水形设计
a）布瀑　b）带瀑　c）线瀑

瀑身所依附的假山的造型是决定水型最重要的因素，设计要点如下：

1）当假山崖面较陡峭宜布置直瀑，形成"飞流直下"的景观；当崖面倾斜度大宜布置滑瀑景观。

2）当假山山石水平投影超出落水口，则能形成二级或多级瀑布，反之则形成直瀑。

3) 对于有较多的山石水平投影超出落水口的瀑布而言，山石大小形状及凹凸情况的不同，水形也不相同，因此通过山石造型不同能够营造出千姿百态的水形。

3. 瀑布水量设计

瀑布落水口的水流量对瀑布形态具有较大影响，在相同情况下，水量不同其景观效果及所营造出的氛围也各不相同，或如薄薄的绢丝，或如跃动的玉珠，或优雅宁静，或气势宏伟。瀑布用水量与瀑身高度有直接关系，不同高度瀑布每秒用水量见表2-2。一般来说，随着瀑布叠水跌落高度的增加，水流厚度、水量也要相应增加，才能保证落水面完整的效果。

表 2-2　瀑布用水量

瀑布高度/m	溢水厚度/mm	用水量/(L/s)	瀑布高度/m	溢水厚度/mm	用水量/(L/s)
0.3	6	3	3.0	19	7
0.9	9	4	4.5	22	8
1.5	13	5	7.5	25	10
2.1	16	6	>7.5	32	12

4. 瀑布结构与管线设计

瀑布形式多样，具体结构也会有所不同，但它们的基本构造与管线布置大体相同，主要由瀑布口、瀑布支座支架、承水池潭、给水排水管线与动力设备等几部分组成，如图2-49所示。

（1）瀑布口　瀑布口主要包括瀑布落水口与顶部的蓄水池。

1）落水口。落水口的细部处理与瀑身形态有很大关系，上述布瀑、带瀑与线瀑即由落水口的形式决定。一般落水口应尽量模仿自然，并以树木及岩石加以隐蔽或装饰。落水口通常采用混凝土或天然石材做成，为增加平整度，还可以在落水堰口处固定平直的铜条或不锈钢条。

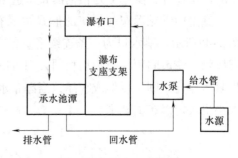

图2-49　瀑布基本构造

2）顶部蓄水池。一般落水口后面还需设置一个缓冲池，以消除从水管涌出的压力水的水压，以保证瀑布水形的完整。水池容积要根据瀑布的流量来确定，如要形成较有气势的瀑布景象，上部水池的容积要求大些；相反如果想要营造安静、宁谧的滑瀑景观，则容积无需太大。一般顶部蓄水池可采用100mm厚左右的钢筋混凝土砌筑池底与池壁，防水层抹灰处理。

（2）瀑布支座支架　瀑布一般以自然山石或人工塑石作为支座，形成既稳固又美观的景观。自然山石支座设计需结合山石堆叠技法，有进有退，形成丰富的层次。塑石支座内部一般采用砖石骨架或钢筋骨架，面层进行仿石处理。

（3）承水池潭　天然瀑布落水口下面多为一个深潭，庭院中通常使用人工水池作为瀑布下方的承水池。由于瀑布下落对池底与池壁形成一定的压力，一般需对人工水池的池底与池壁进行一定的加固。由于瀑布落差不同，下方水池受力也有所不同，不同落差瀑布下方水池分别可采用如下结构做法：水体落差大于5m时，采用图2-50a所示池底结构做法；水体落差为2~5m时，采用图2-50b所示池底结构做法；水体落差小于2m时，采用图2-50c所示池底结构做法。池壁所受到的冲力一般比池底受力小，可以采用水泥砂浆砌24砖墙，防水层抹灰即可。

另外，承水池的大小需根据瀑布流量大小而定，也要综合考虑观赏瀑布的最佳视距，以及瀑布水不外溅的最小距离。池面过宽会消弱水流动感；池面过窄容易使水花飞溅，引起地面湿滑。为防水落水时水花四溅，一般水池的宽度不宜小于瀑布落差的2/3。

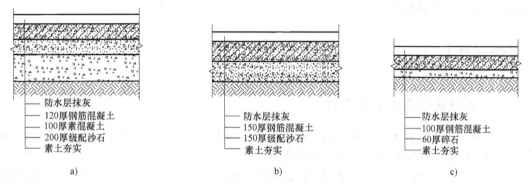

图 2-50　不同类型池底结构做法

a）水体落差大于5m时　b）水体落差为2~5m时　c）水体落差小于2m时

（4）给水排水管线与动力设备　瀑布的水源供给一般有三种形式：

1）一种是利用天然地形的水位差，这种水源要求庭院范围内有泉水、溪、河道等自然水体。

2）一种是直接利用城市自来水，用后排走，但投资成本高，一般较少使用。

3）三是通过水泵循环供水，这是较经济的一种给水方法，在庭院中使用较广。这种形式的瀑布管线主要包括给水管、回水管与排水管，管径大小、水泵规格需根据瀑布的流量确定。

三、庭院叠水设计要点

1. 叠水平面布局

叠水在规则式庭院中较为常见，其平面布局要点如下：

1）庭院叠水整体布局主要采用规则式手法，表现人工化的"瀑布"之美。

2）庭院叠水尽量结合地形高差进行设计，或结合景墙、挡土墙及建筑墙面等设置，并在形式上取得协调统一。

3）叠水水池周边也需设置一定的铺地或观景平台供人停留、休憩。

2. 叠水水型设计

叠水水型主要由出水形式、叠水台（池）造型、壁面材料及凹凸情况所决定。

庭院中常见叠水出水形式主要包括以下几种：

1）水帘式。出水口宽大、平直且有一定外挑，水流形成布帘状。

2）洒落式。水流呈点状或线状跌落。

3）溢流式。由多层蓄水池不断被注满涌溢而出形成。

4）壁流式。水流顺池壁或墙壁流下，水面可随池壁与墙壁造型与材料不同而变化。

叠水台（池）造型决定了水流的形状，或阶梯而下，或塔状叠落，或错落向下，因此，通过对叠水台（池）造型的设计能够创造变化多样的水形。

叠水台壁面一般需要进行装饰，饰面材料不同效果也不同，一般不宜选用太过平整的饰面，过于平滑的壁面，会使人不易察觉水的流动，影响观赏效果。当壁面设置成凹凸有序的图案时，滑落的水体也形成相应的图案效果，具有较好的观赏性。

3. 叠水结构与管线设计

叠水虽然在外观形式上与瀑布有很大的差异，但其本质上可视为规则式瀑布，因此两者的基本构造与管线布置也大体相同，主要由叠水口、叠水支座支架、承水池潭、给排水管线与动力设备等几部分组成。

【实践操作】

一、天香庭院叠水平面设计

天香庭院叠水布置于建筑西侧的下沉式水景空间中，通过叠水解决了室外地面与地下室之间的高差问题，同时也形成了该空间的主景。

该叠水分两层叠落，其平面造型以矩形为主，简洁明朗，能够较好地与周边建筑取得统一。两层矩形的叠水台一长一短，一宽一窄，形成对比与变化。规则的叠水台中镶嵌条形的自然山石，以打破平直与呆板的线条。叠水台周边布置种植台，下方设置水池，另外设置台阶、木栈道、木平台等进行上下交通联系，如图 2-51 所示。

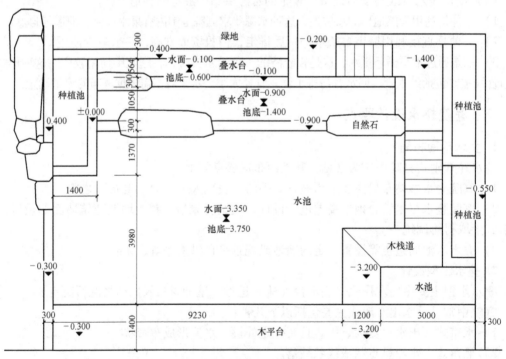

图 2-51　天香庭院叠水及周边环境平面图

二、天香庭院叠水造型设计

该叠水为二级叠水，水流沿叠水壁而下，水面在凹凸不平的墙面上形成一定的光影变化，如图 2-52 所示。

a)　　　　　　　　　　　　　b)

图2-52　天香庭院叠水景观

a）有水时景观　b）无水时景观

在立面造型上，叠水以层级而下的水平线条为主。为了加强水平直线条效果，在挡土墙、种植池及部分叠水台的顶部采用条形的碳烧松木板进行压顶，又通过镶嵌条形的自然山石使直线条有所变化。叠水墙面上通过深灰色千层石及浅灰色芝麻灰花岗岩拼铺，两者分界线呈斜线状以打破整齐划一的感觉。同时形成纹理与色彩上的对比，具有干净、利落的视觉效果。另外，在叠水墙面通过千层石上下面铺设方向的不同，形成色调上的微差，并由这种微差来构成隐隐约约的"天香"二字，如图2-53所示。

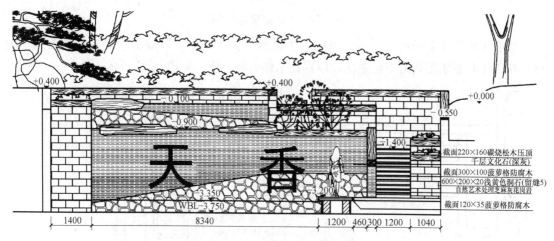

图2-53　天香庭院叠水及周边环境立面图

在叠水体量设计方面，主要从空间感及视觉效果方面进行考虑。如天香庭院地下室外廊木栈道至下层叠水墙的净距为5.35m，其下层叠水台高度设计为2.8m，上层叠水台高度为3.65m，叠水台上部的挡土墙顶部高度为4.15m，因此，站在地下室外廊的视距与下层叠水台的高度比值接近2倍，与挡土墙顶部高度比值接近1倍，以达到整体与局部同时观赏的最佳效果。另外，还要考虑与周边环境的高度衔接关系，使后方绿地与该处叠水有较好的过渡与衔接。在该处高度设计时，还考虑到其后方水系暗道达到泄洪所需的最小高度要求。

三、天香庭院叠水结构与管线设计

天香庭院叠水上部设置一高一低两个蓄水池，水流经二层叠落后流入下方承水池，水池及叠水墙均采用抗渗钢筋混凝土现浇，如图2-54所示。该叠水墙后方为泄洪暗道，庭院核心水池的水即通过此暗道流出。

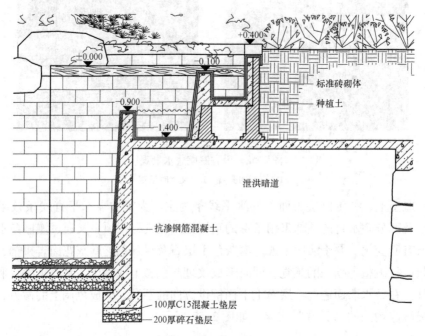

种植土

标准砖砌体

种植土

泄洪暗道

抗渗钢筋混凝土

100厚C15混凝土垫层

200厚碎石垫层

图 2-54　天香庭院叠水构造

该叠水水体来自城市自来水，采用潜水泵循环供水，除了一般动力设备及给排水设施外，这里还布置了箱式的净化系统，以保证水体的清洁度，如图 2-55 所示。

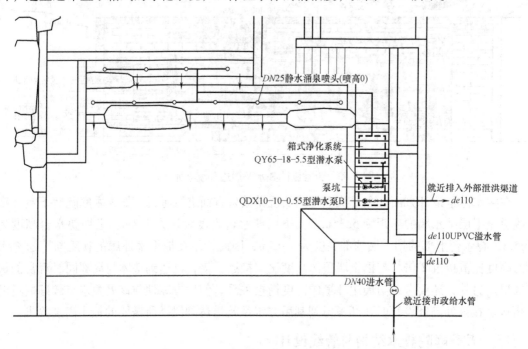

DN25静水涌泉喷头(喷高0)

箱式净化系统

QY65-18-5.5型潜水泵

泵坑

QDX10-10-0.55型潜水泵B

就近排入外部泄洪渠道
de110

de110UPVC溢水管
de110

DN40进水管

就近接市政给水管

图 2-55　天香庭院叠水及水池管线布置图

【思考与练习】

　　1. 瀑布与叠水有什么区别，两者各有哪些类型？

　　2. 瀑布与叠水布局与造型设计要点是什么？

　　3. 瀑布与叠水的基本构造有哪些？

　　4. 为前述 20 号别墅庭院设计一处瀑布或叠水，将其布置于合适的位置。完成瀑布或叠水平面图、立面图、剖面图，要求体量适宜，平面、立面造型美观，层次丰富，结构设计合理。

任务五　庭院喷泉景观设计

　　喷泉是庭院中较为常见的一种动态水景，它是利用压力使水从孔中喷向空中，再自由落下的一种水景形式。喷泉能够给庭院带来动感，活跃庭院气氛，形成庭院中的景观亮点。同时，喷泉可以增加空间的湿度和负氧离子含量，减少尘埃，有利于提高庭院环境质量。

【任务分析】

　　本任务主要包括以下三方面内容：

　　1）庭院喷泉平面设计，确定喷泉布置位置、形状及与其他景观组合关系。

　　2）庭院喷泉立面设计，设计喷泉水型，喷泉与其他景观组合造型设计。

　　3）庭院喷泉管线及控制设计，确定庭院喷泉供水形式、管线布置及控制方式。

【工作流程】

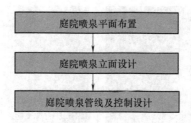

【基础知识】

一、庭院喷泉类型

　　庭院喷泉类型主要有以下几种，如图 2-56 所示。

　　1）组合喷泉。由各种普通的水花图案组成的固定喷水形式的喷泉，该类喷泉水形丰富，造型多变。

2）壁泉。由墙壁、石壁和玻璃壁面上喷出，顺流而下形成水帘和多股水流。当水流量较小时，可以形成滴泉，自上而下滴落。

3）喷水盆。外观呈盆状，下有支柱，可分多级，出水系统简单，多为独立设置，此类喷泉在欧式庭院中较为常见。

4）小品喷泉。从雕塑、器具（罐、盆）、景石和动物（鱼、龙等）口中出水的喷泉，造型丰富多样，具有趣味性。

5）旱地喷泉。将喷泉管道和喷头下沉到地面以下，喷水时水流落到硬质铺地上，沿铺地坡度排出。

6）雾化喷泉。由多组微孔喷管组成，水流通过微孔喷出，看似雾状。

图 2-56　庭院喷泉类型

a）组合喷泉　b）壁泉　c）喷水盆　d）小品喷泉　e）旱地喷泉　f）雾化喷泉

二、庭院常见喷泉水形

喷泉水形即喷水的外观样式，可以是单个喷头的喷水样式，也可以是喷头组合后的喷水形式，如牵牛花形、蒲公英形等，庭院中常见的喷泉水形见表 2-3。各种水形除单独使用外，还可以将几种喷泉水形按照一定的构图自由组合，共同构成美丽的图案。

表 2-3　庭院常见喷泉水形

名称	图案	名称	图案
单射形		水幕形	
拱顶形		向心形	
圆柱形		圆弧形	
内编织形		外编织形	
屋顶形		篱笆形	
喷雾形		洒水形	
吸力形		旋转形	
扇形		孔雀形	
半球形		牵牛花形	
多层花形		蒲公英形	

三、庭院常用喷头类型

喷泉各种水形是由不同种类的喷头、喷头的不同组合、喷头的不同喷射角度等多方面因素共同造成，因此喷头的选择对喷泉造型至关重要。目前，庭院中常喷头样式可以归结为以下几种类型，如图 2-57 所示：

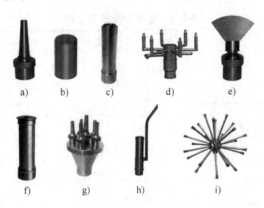

图 2-57 常见喷头类型

a）单射流喷头 b）水雾喷头 c）环形喷头 d）旋转喷头 e）扇形喷头

f）变形喷头 g）多孔喷头 h）吸力喷头 i）蒲公英形喷头

1）单射流喷头。单射流是压力水喷出的最基本的形式，该种喷头又称为直流喷头。它可以单独使用，也可以组合使用，形成多种式样的喷水水形图案。

2）水雾喷头。这种喷头内部装有一个螺旋状导流板，使水流作圆周运动，喷出的水能够形成细细的雾状水滴，使庭院充满缥缈的感觉，同时能够增加庭院湿度。每当天空晴朗，阳光灿烂，在一定角度能够呈现出缤纷的彩虹。

3）环形喷头。喷头的出水口为环形断面，即外实内空，使水形成集中而不分散的环形水柱，有粗犷、有力的感觉。

4）旋转喷头。它利用压力水由喷嘴喷出时的反作用力或其他动力带动回转器转动，使喷嘴不断地旋转运动，从而丰富了喷水造型，喷出的水花或欢快旋转或飘逸荡漾，形成各种扭曲线形，婀娜多姿。

5）扇形喷头。这种喷头的外形很像扁扁的鸭嘴，它能喷出扇形的水膜或像孔雀开屏一样美丽的水花。在扇形喷头体上安置一排或两排小喷嘴，又可以形成凤尾喷头。

6）变形喷头。喷头形状的变化，使水花形式多种多样。变形喷头的种类很多，它们共同的特点是在出水口的前面有一个可以调节的、形状各异的反射器。射流通过反射器，起到使水花造型的作用，从而形成各式各样的、均匀的水膜，如牵牛花形、半球形、扶桑花形等。

7）多孔喷头。多孔喷头可以由多个单射流喷嘴组成一个大喷头，也可以由半球形的带有很多细小孔眼的壳体构成。它们能呈现出造型各异的盛开的水花。

8）吸力喷头。此种喷头是利用压力水喷出时，在喷嘴的喷口附近形成负压区，由于压差的作用，它能把空气和水吸入喷嘴外的环套内，与喷嘴内喷出的水混合后一并喷出，这时水柱的体积膨胀，同时因为混入大量细小的空气泡，形成白色不透明的水柱。它能充分地反射阳光，因此光彩艳丽，夜晚如有彩色灯光照明则更为光彩夺目。吸力喷头又可分为吸水喷头、加气喷头和吸水加气喷头。

9）蒲公英形喷头。这种喷头是在圆球形壳体上，装有很多同心放射状喷管，并在每个管头上装有一个半球形变形喷头，因此，它能喷出像蒲公英一样美丽的球形或半球形水花。蒲公英形喷头可以单独使用，也可以几个喷头高低错落地布置，显得格外新颖、典雅。

10）组合式喷头。由两种或两种以上形体各异的喷嘴，根据水花造型的需要，组合成一个大喷头，叫组合式喷头，它能够形成较复杂的花形。

喷头因受水流的摩擦，一般多采用耐磨性好、不易锈蚀又具有一定强度的黄铜或青铜制成。为节约铜材，降低成本，近年来也使用铸造尼龙制造低压喷头。

四、喷泉与其他景物的组合

1. 喷泉与水池

庭院中的喷泉往往与水池结合在一起共同营造具有动感的水景。因此，喷泉设计除考虑自身的水形外，还需考虑与水池的组合关系，使两者形成统一构图。一般水池造型复杂，则喷泉的形状应简洁；水池造型简单，则可通过多样的喷泉水形组合，形成美丽的图案与丰富的层次。

2. 喷泉与容器

对于面积不大的庭院，可以考虑通过一些容器来代替水池，承接喷泉下落的水体，如盆、桶、缸、壶、水槽等盛水容器，如图 2-58 所示。在欧式庭院中经常可以看到多层喷水盆的设置，在日式庭院中往往采用古朴的石钵作为承水容器。容器与喷泉的组合，能够为庭院带来无限的创意，给人以精致、新颖的感觉。在组合造型时，需考虑喷泉在形态与尺度上与这些容器间的搭配关系，使它们共同形成完美的构图，从而营造小巧、精致的庭院水景。

图 2-58　喷泉与容器的组合水景

3. 喷泉与雕塑

喷泉与雕塑的组合造景在庭院中也较为多见，而且形式丰富，造型多变，如图 2-59 所示。一般喷泉与人物雕塑组合时可以将人物处理成倾倒水钵的造型，或是嬉水造型。在传统欧式庭院中常有人物雕塑口中喷水的样式；喷泉与动物雕塑组合多为各种吐水的样式，一般活泼、可爱，具有趣味性。另外，喷泉也可以布置在独立设置的雕塑周边，形成雕塑的配景。

图 2-59 喷泉与雕塑的组合水景

4. 喷泉与景墙

喷泉与景墙组合能够形成各种形式的壁泉，在设计时除了考虑景墙（"面"）本身的立面造型外，还要重点对出水口（"点"）进行设计，结合喷水时形成的"线"，形成"点、线、面"的完美组合。另外，还可以将喷泉设置于景墙前，或对着墙面喷水，形成面壁喷的效果。

5. 喷泉与石景

水与石的组合能够形成较为自然、亲切的感觉，喷泉与石的组合则能够给庭院带来美妙的意境。喷泉与石的配置，可以以石为主景，以喷泉为配景；或以喷泉为主景，以石为配景。另外，在组合造景时，也可以让水流从石壁流出、或是从石缝涌出等形式。

另外还可以通过喷泉与灯光的组合，增加喷泉夜晚的景观效果。

五、庭院喷泉管道及控制设计

1. 庭院喷泉给水形式

（1）直流给水 庭院中流量在 $2 \sim 3L/s$ 以内的小型喷泉，可将给水管直接与水池及喷头相连，使用后的水可排入城市雨水管网，或作为园内浇灌用水，不循环使用，如图 2-60a 所示。这种系统构造简单，造价低，维护简单但耗水量大，运行费用较高。一般通过城市自来水供水，在有条件的地方，可以利用高位的天然水源向喷泉供水。当水压不够时也可通过水泵进行加压给水后排掉。

（2）陆上水泵循环给水 为了节约用水，并保证足够的水压，庭院中的喷泉一般采用循环供水的方式。陆上水泵循环给水系统常设有贮水池、循环水泵和循环管道，喷头喷射后的水能够多次循环使用，如图 2-60b 所示。这种系统耗水量少，运行费用低，但系统较为复杂，占地较多、造价较高、维护管理麻烦。当庭院水面较大，周边又有足够的空间可以容纳贮水池时，可采用此种形式。

（3）潜水泵循环给水 该种给水方式在庭院中运用较多，具有占地和投资少，维护管理简单，耗水量少的优点。潜水泵循环给水是将成组喷头和潜水泵直接放在水池内作循环使用，如图 2-60c 所示。

2. 庭院喷泉管线布置及控制

（1）庭院喷泉管线布置 喷泉管网主要由输水管、配水管、补给水管、溢水管和泄水

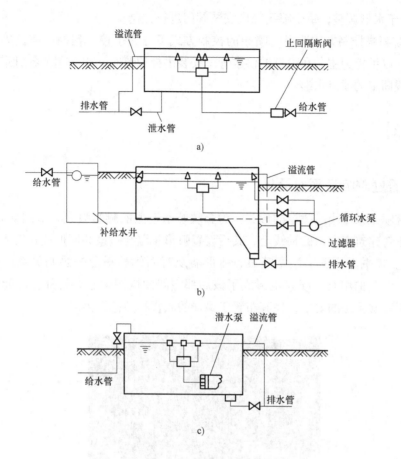

图 2-60 水池给水形式

a）直流给水 b）陆上水泵循环给水 c）潜水泵循环给水

管等组成，其布置要点简述如下：

1）一般喷泉管道可采用地埋敷设，或直接敷设在水池内，但后者要注意不要影响整体美观性。

2）为使喷泉获得等高的射流，喷泉配水管道多采用环形十字供水。

3）为防止因降雨使水池上涨造成溢流，在水池应设溢水口。溢水口面积应是进水口面积的 2 倍左右，并在其外侧设置挡污栅。溢水管应有不小于 3% 的顺坡，直接与泄水管相连。

4）水池底部应设泄水管，用于定期换水和检修时把水排出，一般管径在 100～150mm 左右。泄水管可与雨水井相连接，或作为园内灌溉用水。

5）一般庭院中较小面积的喷泉水池可不设补水管，如面积较大、蒸发及在喷射过程中的损失较多，可相应设置补水管，并安装阀门控制，以保证水池正常水位。

6）喷泉所有的管道均应有一定的坡度，一般不小于 2%，便于停止使用时能够将水完全排空。

7）连接喷头的水管不能有急剧的变化，以保持射流的稳定。

8）为便于水形调整，每个喷头都应安装阀门进行控制。

（2）庭院喷泉控制方式选择　喷泉的控制方式可分为手控、程控、声控等，庭院中多为小型喷泉，以手控为主。在喷泉的供水管上安装手控调节阀，用来调节各管道中水的压力和流量，形成固定的喷泉水形。

【实践操作】

一、天香庭院喷泉平面设计

天香庭院喷泉采用小品喷泉的形式，为金蟾吐水造型的雕塑喷泉，如图2-61所示。该喷泉布置于正对建筑南入口的轴线上，其后设置弧形景墙与喷泉共同形成建筑入口对景，如图2-62所示。在平面构图上注意喷泉、弧形墙及对面休憩平台的协调关系，形成良好的"点""线""面"的组合，喷泉也形成了该局部空间的构图中心。另外，此处喷泉平面布置时还考虑了观赏视距的要求，使其布置于最佳的欣赏视角范围内。

图2-61　天香庭院喷泉实景

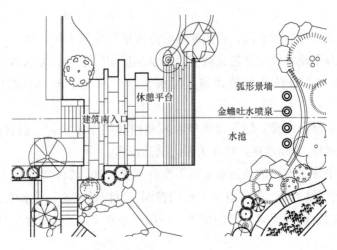

图2-62　天香庭院喷泉平面布置

二、天香庭院喷泉立面设计

该庭院喷泉立面造型较为简单，主要结合金蟾吐水雕塑形成水线造型。其内部喷头采用单射流喷头，形成水柱，通过金蟾口喷射后形成弧线形水流。"蟾"古代神话中是吉祥之物，古人认为可以致富，此处采用金蟾造型具有较好的寓意。金蟾采用石雕制作，外刷仿铜漆，下方设置黄锈石艺术基座，基座圆柱形，直径为700mm，高为530mm，四只金蟾并列排放，其中两侧金蟾略向内侧，如图2-63所示。

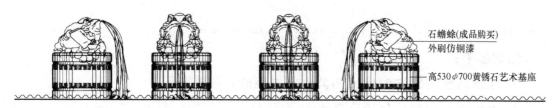

石蟾蜍(成品购买)
外刷仿铜漆

高530φ700黄锈石艺术基座

图2-63　天香庭院喷泉立面设计

三、天香庭院喷泉管道及控制设计

天香庭院喷泉采用潜水泵循环给水的形式，喷泉给水管采用管径为25mm的管道。喷泉控制方式为手控，在供水管上安装手控调节阀，以调节管道水压和流量，形成稳定的水形。

另外，由于此处水池水源主要来自园外，具有不稳定性，因此该水池另外设置管径40mm的给水管以供园外水量供给不足时使用，使水池维持正常的水位。

【思考与练习】

1. 庭院常见喷泉有哪些类型？请举例说明。

2. 喷泉有哪些基本水形，分别需要选择哪些喷头？

3. 庭院喷泉管线布置应注意哪些问题？

4. 为前述20号别墅庭院设计一处喷泉景观，可以与前面任务所设计的水池相结合，也可另行设计。完成喷泉平面图、立面图及管道布置图，要求体量适宜，造型美观，管道布置合理。

庭院园路与铺地景观设计

知识要求：

1. 掌握庭院园路与铺地主要类型、布局形式与要点。

2. 掌握庭院园路线形设计要点。

3. 掌握铺地平面与竖向设计要点。

4. 掌握庭院园路与铺地常见的结构与做法。

5. 掌握庭院园路与铺地常用的铺装材料及铺装设计要点。

技能要求：

1. 能够根据庭院特点对园路进行合理的布局，并完成园路平面、纵断面、结构及铺装设计。

2. 能够根据庭院特点对铺地进行合理的布局，并完成铺地平面、竖向、结构及铺装设计。

素质要求：

1. 养成良好的审美和创新思维能力。

2. 养成认真、耐心、细致的工作态度。

 学习引言

园路与铺地是庭院中不可缺少的构成要素，能够组织空间、引导游览、交通联系、提供散步与休憩的场所，并对庭院风格的形成起着决定性作用。通过园路与铺地合理地组织与引导，能够使庭院景观一一展开，形成连续动态的景观序列。园路与铺地本身也是庭院中一道亮丽的风景线，蜿蜒起伏的园路，精美的铺装图案，都给人以美的享受。

本项目主要包括以下两个任务：

（1）庭院园路景观设计。

（2）庭院铺地景观设计。

任务一　庭院园路景观设计

园路广义上包括园中道路、小广场及各种游憩场地等一切硬质铺装；狭义上的园路指庭院中起交通组织、引导游览等作用的带状、狭长的硬质地面。本任务主要针对狭义上的园路进行设计。

【任务分析】

本任务主要包括以下四方面内容：
1）对项目一中已完成的园路整体布局进行细化设计。
2）完成庭院园路平面线形及纵断面线形设计。
3）确定园路的构造及材料，完成庭院园路结构设计。
4）选择园路铺装材料与铺设方式，对路面进行装饰设计。

【工作流程】

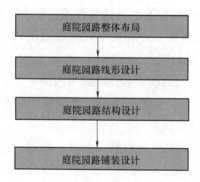

【基础知识】

一、庭院园路的类型

1. 主园路

主园路是联系庭院出入口与主体建筑、联系园内的各功能区域和主要景点的道路，是庭院的主要交通路线与游览线路。庭院主园路宽度随庭院的性质与面积不同变化较大，一般私人住宅庭院主园路宽度较小，多为 1~2m；公共建筑与公共游憩庭院主园路宽度较大，多为 2.5~4m。

2. 游憩路

游憩路是庭院中以休憩、散步、游览等功能为主的道路，深入水面、草地、花间、林中等处，可达庭院各个角落。一般私人住宅庭院游憩路宽度为0.6~1m，公共庭院游憩路宽度为0.8~1.5m。

当庭院面积较大时，园内道路系统还可再进行细分；而当庭院面积较小时，也可只用一种类型的园路而不进行主次划分。

二、园路在庭院中的作用

1. 划分与组织庭院空间

园路是划分和组织庭院空间的主要方法之一，通过园路可以将绿地划分为不同的区域，也可以将几块不同的绿地联系成一个整体。一般可以通过园路不同的线型、轮廓、图案、材料等来暗示不同的区域。

2. 组织交通与引导游览

通过园路可以组织庭院交通、引导游览，通过园路的艺术处理，可为观赏者提供不同的视点，从而达到步移景异的效果。

3. 提供活动与休憩场所

庭院中的园路不仅为人们提供动态观景的场所，还可以成为散步、健身的场所。另外路边还可设置休憩设施，成为休憩的场所。

4. 参与庭院景观营造

园路是庭院景观最基本的构成要素，其造景作用主要表现在以下几方面：

（1）影响庭院整体风格的形成　一般规则式庭院采用较为规则的园路进行构图，自然式庭院则采用自然流畅的园路进行构图。

（2）园路本身的景观效果　园路多样的线条与构图、丰富的路面铺装，本身也构成庭院景观。同时园路又可加强山石、水体、建筑、植物等的联系性，形成多样统一的景观空间，从而共同营造优美的庭院景观。

（3）营造空间的个性特征　园路的形状、尺度、色彩、铺装材料与图案的不同，所形成的景观空间特点也各不相同。园路尺度较大，则使空间较为宽敞；园路尺度较小，则使空间较为亲切。铺装材料不同，能够加强各种庭院氛围的营造，或细腻、或粗犷、或宁静、或亲切等。

5. 组织庭院绿地排水

园路可以借助其路缘或边沟组织排水。当庭院绿地高于路面，可以利用园路汇集两侧绿地径流，利用园路纵向坡度使雨水按一定方向排除。

三、庭院园路系统布局形式

（1）套环式　主园路形成闭合的环状或"8"字形，圆环间环环相套、互相连通，很少有尽端式道路，如图3-1a所示，一般用于面积较大的庭院。

（2）条带式　主园路呈条带状，始端和尽端各在一方，不闭合成环，主路的一侧或两侧，可以穿插一些局部闭合成环形的小路，如图3-1b所示，一般用于较狭长的庭院。

（3）树枝式　主园路呈条带状，始端和尽端各在一方，不闭合成环，主路上分出的小路呈尽端式，如图 3-1c 所示。

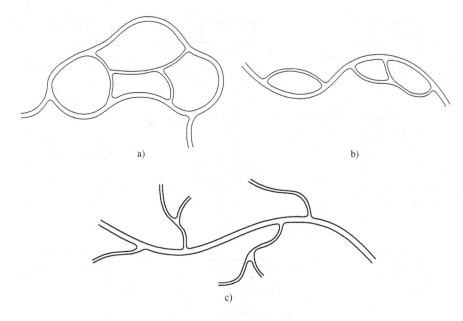

a)

b)

c)

图 3-1　庭院园路系统布局形式

a）套环式　b）条带式　c）树枝式

四、庭院园路与其他景物关系处理

（1）园路与建筑　园路与建筑物交接时，往往在建筑物近旁设置一定面积的铺地作为建筑物前的集散空间，园路则通过铺地与建筑物衔接，但一些具有过道作用的园林建筑物可直接与道路相连，如游廊、花架等。

一般来说，园路与建筑的关系处理可以分为平行交接、正对交接、侧对交接等，如图 3-2所示。平行交接和正对交接，是指建筑物的长轴与园路中心线平行或垂直；侧对交接是指建筑物长轴与园路中心线相垂直，并从建筑物正面的一侧相交接，或者园路从建筑物的侧面与其交接。园路与建筑物交接时，一般都避免斜路交接，特别是正对建筑物某一角的斜交，冲突感很强。对于不得不斜交的园路，要在交接处设一段短的直路作为过渡，或者将交接处形成的路角改成园角。另外，自然式道路在通向建筑物正面时，在交接处要有较长距离，切忌是 S 型。

（2）园路与水体　庭院常常以水面为核心景观，园路环绕水面，联系各景点。当园路临水布置时，不应始终与水岸平行，应结合地形或周边景物使园路与水面若即若离，以增加视线的变化，达到步移景异的效果。园路通过水面时可转化为桥、堤或汀步等形式。

（3）园路与山石　在传统庭院中，在园路两旁、交叉路口、转弯处等常常通过布置假山或置石，以形成对景等效果，增加观赏性。

（4）园路与植物　园路与植物在布置上往往相辅相成，在打造庭院风格上起着重要的

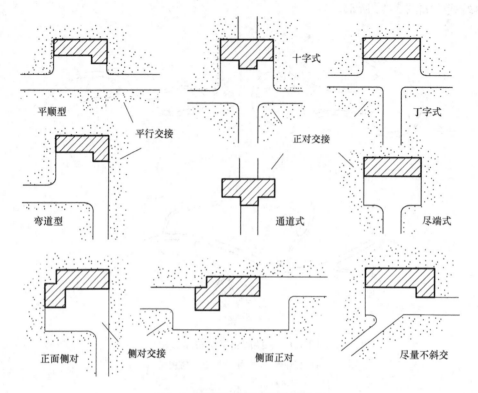

图 3-2　园路与建筑交接关系处理

作用。在园路与植物关系处理上要注意夹景、障景、对景、透景、框景等艺术手法的运用，使庭院中处处充满诗情画意。

　　另外，还应注意园路和庭院绿地的高低关系，尽量使园路浅埋于绿地之中，掩映于绿丛之中，使道路与绿地自然过渡。

五、庭院园路线形设计

1. 庭院园路平面线形设计

（1）园路平面线形类型　庭院中园路的线形类型主要有直线、几何曲线与自由曲线等。直线线形规则、平直、简洁、大方，较多用于规则式庭院或混合式庭院的局部。曲线自由、活泼，往往由不同曲率、不同弯曲方向的多段弯道连接而成，自然式庭院道路较多采用此种形式。

（2）园路平面线形设计

1）园路线形设计应符合整体构图形式，与地形、建筑物、水体、山石、植物、铺装场地及其他设施平面构图相协调，形成统一的风格。

2）在设计自然式园路时要注意使园路自然流畅、平缓自如，其弯曲半径要适当，切忌三步一弯、五步一曲，为曲而曲，而显得矫揉造作，如图 3-3 所示。一般需根据造景要求与地形、地物条件合理设置。

3）在设计规则式园路时，当园路由一段直线转到另一段直线上去时，其转角的连接部

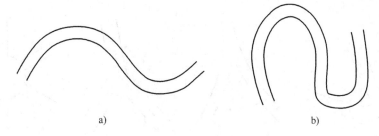

图 3-3　自然式园路平曲线处理

a）自由流畅的园路　b）过分弯曲的园路

分通常采用圆弧形曲线进行衔接，如图 3-4 所示。另外，在规则式庭院中为了强调直线规则硬朗的效果也可不作圆角处理，有时还特意强调折线的效果。

4）园路平面中的这些曲线称为平曲线，其半径称为平曲线半径。庭院园路平曲线半径多为 3.5～20m，最小不小于 2m。

5）一般同一条园路宽窄应保持一致（除营造特殊效果外），形成带状的线条，也可以根据使用功能及造景需要对局部宽度进行适当收放，还可在局部扩大处设置休憩设施，如图 3-5 所示。

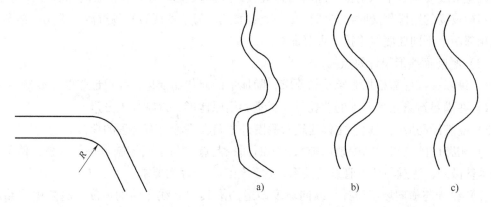

图 3-4　规则式园路平曲线处理

图 3-5　园路平面线宽处理

a）错误（宽窄不一）　b）正确（宽窄一致）

c）正确（局部拓宽处理）

（3）园路相交的平面处理

1）两条自然式园路相交于一点，所形成的角度不宜相等，而且两路相交所成的角度一般不宜小于 60°，如图 3-6a 所示。

2）若由于实际情况限制，角度太小，可以在交叉处设立一个三角绿地，使交叉所形成的尖角得以缓和，如图 3-6b 所示。

3）若三条园路相交在一起，则三条路的中心线应交汇于一点上，否则会显得杂乱，如图 3-6c 所示。

4）在较短的距离内，园路的一侧不宜出现两个或两个以上的交叉口而使导向不明，尽量避免多条道路交接在一起。如果避免不了，则需在交接处形成广场，如图 3-6d 所示。

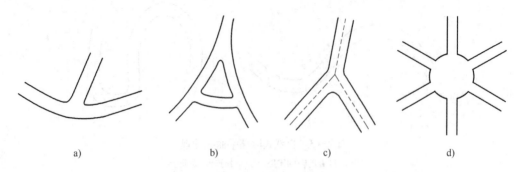

a)　　　　　　　　　　b)　　　　　　　　　c)　　　　　　　　d)

图 3-6　园路相交的平面处理

a) 交角不宜小于 60°　b) 设置三角绿地　c) 中心线汇于一点　d) 中间拓展为广场

2. 庭院园路纵断面线形设计

园路在竖向上宜有起伏变化，设计时应紧密地结合地形，随形就势。另外，在竖向的设计上还要考虑地面排水的要求。

（1）园路纵断面线形类型　　园路纵断面线型即道路中心线在竖向剖面上的投影形态。园路纵断面线形主要包括直线与竖曲线。它随着地形的变化而呈连续的折线，在折线的交点处，设置弧线使两者平顺衔接。纵断面为直线的园路坡度均匀一致，坡向和坡度保持不变；两条不同坡度的路段相交时，必然存在一个变坡点，为了使两者平顺过渡，需用一条圆弧曲线把相邻两个不同坡度线连接，即竖曲线。

（2）纵断面线形设计要点

1）纵断面线形需根据庭院造景要求，随地形的起伏而变化，并保证竖曲线线形平滑。

2）在满足造景艺术要求的前提下，尽量利用原地形，以减少土方量。

3）庭院园路应与铺地、主体建筑及庭院外道路在高程上有合理的衔接。

4）园路应配合组织园内地面排水；纵断面控制点应与平面控制点一并考虑，使平、竖曲线尽量错开，注意与地下管线的关系，达到经济、合理的要求。

（3）纵向与横向坡度设计　　纵向坡度即道路沿其中心线方向的坡度。庭院中园路的纵坡多为 0.3% ~8%，坡度大于 20%（12°）多设置台阶。

横向坡度即垂直道路中心线方向的坡度。为了方便排水，园路横坡一般为 1% ~4%，呈两面坡，也可根据需要设置为单面坡。

六、庭院园路基本结构

庭院中的园路通常由面层、结合层、基层、路基等组成，如图 3-7 所示，有时在路基与基层之间增设垫层以增加园路的稳定性。另外，园路结构中还包括道牙、台阶、蹬道、礓礤、明沟、暗沟、雨水井、种植池等附属设施。

1. 面层

面层是路面最上的一层，直接承受外部荷载和风、雨、寒、暑等气候作用的影响和各种破坏。面层设计一方面要保证坚固、平稳、耐磨等要求，有一定的粗糙度，少尘土，便于清扫；另一方面要符合装饰、造景等要求，外观上美观大方，并与整体环境相协调。

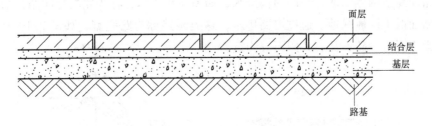

图 3-7 常见园路结构

庭院中的园路面层尽量选择能够透水、透气的材料，让雨水能够渗入到泥土中，以提高庭院的生态性。

2. 结合层

当采用块料铺筑面层时，在面层和基层之间为了结合和找平需要设置结合层。结合层一般采用 30～50mm 厚的粗砂或 20～30mm 厚的 1:3～1:2 水泥砂浆，另外还可采用石灰砂浆及混合砂浆等。

3. 基层

基层一般在土基之上，一方面承受由面层传下来的荷载，一方面把荷载均匀地传给土基。基层设计要注意有一定的强度，一般采用碎（砾）石、灰土、混凝土等材料筑成。基层的选择应视路基土壤情况、气候特点及路面荷载的大小而定，应尽量利用当地材料。

（1）碎石基层 碎石基层具有较好的透水性，特别适用于路面采用透水材料或是有嵌草的园路，能够达到生态、环保的效果。碎石层厚度需根据路基与路面荷载情况而定，一般为 200～250mm。

（2）灰土基层 灰土基层主要由 3:7 的白灰和土拌后压实而成，一般园路基层可采用一步灰土，即压实后为 150mm 厚；在承载力要求较高的园路，可采用二步灰土，即压实后为 300mm。

（3）混凝土基层 混凝土的强度应符合设计要求，多使用 C10、C15，要求高的也可用 C20；厚度根据实际情况而定，多为 100～200mm。

4. 垫层

垫层作用主要是隔水、排水、防冻以改善基层和土基的工作条件，常用砂石、煤渣土、石灰土等筑成。在庭院中可通过加强基层的方法，而不另设此层。

5. 路基

路基是最下层的土基，承受路面传下来的荷载，一般黏土或砂性土夯实处理后即可作为路基，一般压实厚度为 200～250mm，采用机械压实。在严寒地区，严重的过湿冻胀土或湿软呈橡皮状土，需采用灰土进行加固处理，其压实厚度通常为 150mm。

6. 附属工程

（1）道牙 道牙是安置在园路两侧的园路附属结构，用于保护路面，一般分为平道牙和立道牙，其中平道牙表面和路面平齐，立道牙表面高于路面，如图 3-8 所示。采用平道牙的园路，路面高于两侧绿地，利用明沟排水，如图 3-9 所示，称为路堤型园路；采用立道牙的园路，路面低于两侧绿地，通过道路排水，这类园路称为路堑型，如图 3-10 所示。庭院中的道牙常用石材、砖、瓦、大卵石等构筑。

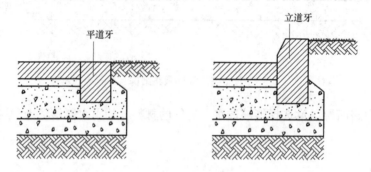

图 3-8　道牙结构示意图

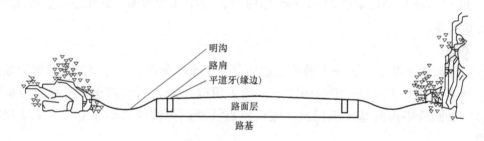

图 3-9　平道牙与路堤型园路

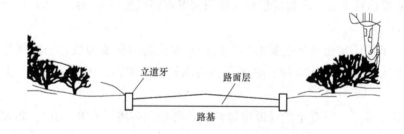

图 3-10　立道牙与路堑型园路

（2）台阶　庭院中路面坡度大于 12°时，为了便于行走需设台阶，台阶设计要注意以下问题：

1）台阶宽度与路面相同，每级台阶的高度为 12 ~ 17cm，台阶面宽为 30 ~ 38cm。

2）台阶应和平台相间设计，每 10 ~ 18 级后应设一段平坦地段。

3）每级台阶应有 1% ~ 2% 的向下坡度，以便排水。

4）台阶的造型及材料选择必须考虑造景的需要。

5）为夸张山势，造成高耸感，台阶高度可增至 15cm 以上，以增加趣味性。

（3）明沟和雨水井　明沟和雨水井是为收集路面雨水而建的构筑物，在庭院中常用砖块砌筑。

七、庭院园路铺装类型

1. 整体现浇路面铺装

庭院中的整体现浇路面铺装可以采用水泥混凝土或沥青混凝土现浇而成。该类路面铺设简单，耐久性高，价格也较低。

沥青混凝土面层一般铺设 30 ~ 50mm 厚，为灰黑色路面，如图 3-11a 所示。根据沥青混凝土的骨料大小，有粗、中、细之分，一般无需再进行表面处理。

水泥混凝土面层一般为 120 ~ 160mm 厚，路面每隔 5 ~ 7m 设置伸缩缝一道。水泥路面一般需进行表面抹灰装饰处理，如图 3-11b ~ 图 3-11d 所示，主要有以下几种方法：

1）水泥抹灰。包括普通水泥抹灰与彩色水泥抹灰，用水泥砂浆做路面表层，可在水泥中加各种颜料，配制成彩色的水泥砂浆，通常用 1∶2 或 1∶2.5 比例配制水泥与粗砂。

2）露骨料饰面（水刷石）。混凝土骨料外露的装饰方法，在混凝土浇好后 2 ~ 6h 内，采用硬毛刷子和钢丝刷子刷洗，把每一粒暴露出来的骨料表面都洗干净。

3）模具压印。该种饰面是在混凝土表面非常逼真地模仿石材、砖、木材等装饰材料的质地及色泽，呈现出丰富的色彩与纹理，装饰效果较好。

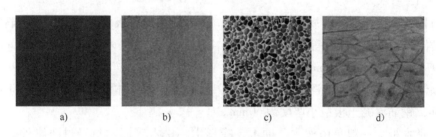

a)　　　　　　b)　　　　　　c)　　　　　　d)

图 3-11　整体现浇铺装

a）沥青路面　b）彩色水泥路面　c）水刷石路面　d）模具压印路面

2. 片材路面铺装

片材指厚度为 5 ~ 20mm 的装饰性铺地材料，常用片材主要有花岗岩、大理石、釉面墙地砖、陶瓷广场砖和马赛克等，如图 3-12 所示。

1）花岗岩。花岗岩质地坚硬、性能稳定，装饰性较强。根据加工工艺的不同，花岗岩面层质感常划分为：磨光面、亚光面、火烧面、手凿面、机凿面、自然面等。常用规格有 500mm × 500mm、700mm × 500mm、700mm × 700mm、600mm × 900mm 等。

2）石片碎拼。采用大理石、花岗岩碎片铺地，价格较便宜，装饰性较强，多呈冰裂纹状。

3）釉面地砖。釉面地砖色彩与图案丰富多样，规格也较多，常用规格有 100mm × 200mm、300mm × 300mm、400mm × 400mm、400mm × 500mm、500mm × 500mm 等。

4）陶瓷广场砖。常用规格为 100mm × 100mm，也有略呈扇形的，常组成矩形或圆形图案。

5）马赛克。庭园内局部地面可用马赛克装饰。马赛克色彩丰富，容易组合地面图纹，装饰效果好，但易脱落。

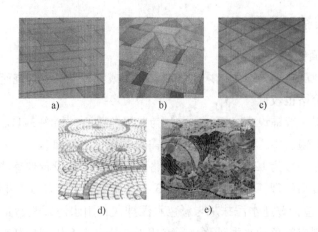

图 3-12　片材路面铺装

a）花岗岩路面　b）石片碎拼路面　c）釉面地砖路面　d）陶瓷广场砖路面　e）马赛克路面

3. 板材路面铺装

板材厚度多为 50～80mm，主要采用整形的石板、混凝土板、防腐木板等铺设园路面层，如图 3-13 所示。

1）石板。石板路面平整规则，庄重大方，坚固耐久，石板材料丰富，如青石板、锈石板、花岗岩石板、梅园石板等。常用规格有 497mm×497mm×50mm、697mm×497mm×60mm、997mm×697mm×70mm 等。

2）预制混凝土板。用混凝土加工成板状，尺寸可根据具体设计而定。混凝土板最小厚度为 80mm，钢筋混凝土板最小厚度为 60mm。

3）防腐木板。一般是由桉木、柚木、冷杉木、松木等原木材经过防腐处理而成，体现出自然、野趣。木质铺装最大的优点就是给人以柔和、亲切的感觉，但耐久性相对差些。

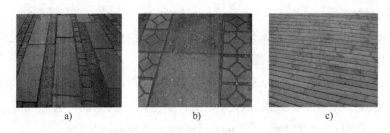

图 3-13　板材路面铺装

a）石板路面　b）预制混凝土板路面　c）防腐木板路面

4. 块料路面铺装

块料路面铺装主要采用各种黏土砖、石块、预制混凝土块等砌块铺设路面，如图 3-14 所示。

1）黏土砖铺装。这种铺装使用的是黏土烧制、用于铺地的砖块，有方形和长方形。常用规格：400mm×400mm×60mm、470mm×470mm×60mm、570mm×570mm×60mm、

640mm×640mm×96mm、768mm×768mm×144mm、480mm×240mm×130mm、420mm×210mm×85mm 等，其中标准青砖大小为 240mm×115mm×53mm。

2）砌块铺装。主要采用打凿整形石块及预制的混凝土砌块进行地面铺设。混凝土砌块形式多样，可以设计成各种形状、各种色彩和各种规格。

5. 碎料路面铺装

碎料路面是通过各种石片、砖瓦片、碎瓷片、卵石及其他碎状材料，通过拼砌镶嵌的方法，铺设出具有美丽图案纹样的路面。这类路面在我国传统庭院中运用较多，在古代称为"花街铺地"，如图 3-15a 所示，图案精美，装饰性强。一般用立砖、小青瓦瓦片来镶嵌出线条纹样，组成基本图案，再用各色卵石、砾石镶嵌作为色块，填充图案。一般庭院还可直接采用卵石、碎石等单一的碎状材料进行整体铺设，如图 3-15b 所示。

6. 简易路面铺装

简易路面往往在素土夯实的基础上直接铺设砂砾、碎石、树皮、果壳、木材碎片等材料，如图 3-16a、图 3-16b 所示。该种路面施工较为简单，却能形成亲切自然的效果。有时庭院园路还可直接植草，形成草路，也别有风味，如图 3-16c 所示。

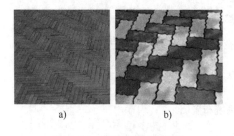

a)　　　　　　b)

图 3-14　砖块与砌块铺装

a）青砖路面　b）混凝土砌块路面

a)　　　　　　b)

图 3-15　碎料路面铺装

a）花街铺地　b）卵石路面

a)　　　　　　b)　　　　　　c)

图 3-16　简易路面铺装

a）碎石路面　b）木材碎片路面　c）植草路面

【实践操作】

一、天香庭院园路平面布局

天香庭院园路平面布局上采用套环式，如图 3-17 所示，形成类"8"字的形式。从庭院入口处沿建筑西墙边的园路可以直接到达建筑南入口，形成一条简洁的交通线路；沿庭院中两个水池形成两条主要的游览路线；沿建筑西墙边的道路有上下两条，下面这条与建筑物地下室相通，上面这条是主要的交通通道，如图 3-18 所示。

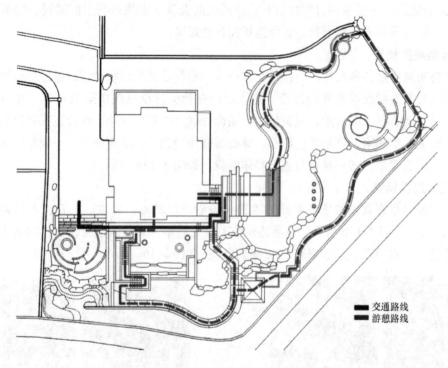

交通路线
游憩路线

图 3-17　天香庭院园路系统布置图

图 3-18　建筑西墙边上下层园路布置情况

园路在布局上因地制宜，因需设路、因景设路，能够根据地形、地貌及景物而变化，形式丰富多变，有石板路、木桩路、木板路，如图 3-19 所示。另外还有台阶、石桥等其他形式的园路。各种类型的园路在庭院中的布置位置如图 3-20 所示。

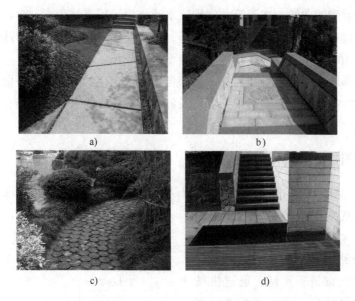

图 3-19　天香庭院园路主要类型

a）石板路（不规则石板）　b）石板路（规则石板）　c）木桩路　d）木板路

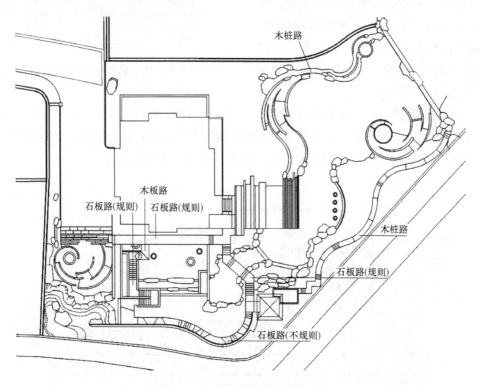

图 3-20　各类型园路分布情况

二、天香庭院园路线形设计

天香庭院园路平面线形与其风格相统一，采用混合式的线形搭配，既有规则、平直的直线，又有自由、柔和的曲线。在建筑及规则式水池周边采用直线为主，自然式水池周边采用舒缓的曲线为主进行构图，两者过渡自然流畅，见图 3-17。在线形设计时同时考虑与地形、建筑物、水体、山石、植物、铺装场地及其他设施形成统一的整体构图。

该庭院园路纵断面线形以直线为主，局部自然起伏变化的园路通过竖曲线平滑连接。在纵断面线形设计时主要考虑庭院造景要求以及各处高程衔接关系，同时结合庭院的自然排水进行设计。

三、天香庭院园路结构与铺装设计

（1）石板路　该庭院石板路有采用规则石材与不规则石材两种形式，路宽也有所不同，多为 1~1.4m。规则石板路面层主要采用 350mm×200mm×30mm 荔枝面黄锈石拼铺，不规则石板路面层采用 50mm 厚不规则形的大块荔枝面黄锈石拼铺，通过机械切割成大小不一的梯形，两块石板之间留缝 30mm，中间填充灰黑色石砾。除了面层做法不同外，其余结构两者基本相同，结合层采用 30mm 厚 1:3 干硬性水泥砂浆，基层采用 100mm 厚 C15 混凝土，基层下设置 100mm 厚碎石垫层，路基采用素土夯实路基，如图 3-21 所示。

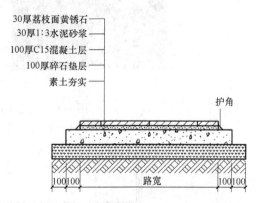

图 3-21　天香庭院石板路基本结构

其中不规则园路由于一侧与矮挡墙衔接，因此其基础与挡墙基础结合在一起，形成统一整体，石板路与挡土墙之间散置直径 30~50mm 灰色南京雨花石进行装饰，如图 3-22 所示。另外，建筑西侧墙边的石板路因为处于架空状态，故其做法有所不同。

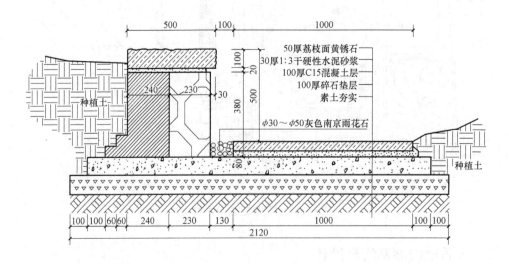

图 3-22　天香庭院不规则石板路结构图

（2）木桩路与木板路　木桩路面层采用直径为 100～150mm、厚度为 60mm 的松木桩铺设，木桩之间的缝隙通过黑色石砾填充，其余做法与石板路相同。木板路面层主要采用 50mm 厚 120mm×35mm 菠萝格防腐木，面层与混凝土基层之间需设置龙骨，作为上下两层之间的衔接层，其余做法与石板路相同。

【思考与练习】

1. 庭院园路的作用有哪些？主要有哪些类型？
2. 庭院园路线形设计的要点有哪些？
3. 一般庭院园路结构包括哪些部分？各有什么要求？
4. 庭院园路面层铺装主要有哪些类型？举例说明其常用材料及规格。
5. 完成前述 20 号别墅庭院的园路景观设计，要求因地制宜、布局合理；线形优美，结构合理；铺装自然美观，与周边环境协调。

任务二　庭院铺地景观设计

庭院中的铺地主要指较为宽广，为人们提供集散、休憩、活动等功能的铺装地面，它与园路一起共同构成庭院的道路系统。铺地在庭院中往往以"面"的形式存在，或形成一些"点"状铺地，与"线"状的园路共同形成道路系统的"点、线、面"组合。

【任务分析】

本任务主要包括以下三个方面内容：
1）确定庭院铺地布设的位置、平面形状、尺寸，对铺装图案、纹样、尺度、色彩、质感等进行设计。
2）对铺地进行竖向上的设计并处理好高程衔接关系。
3）确定铺装的构造及材料，完成庭院铺地结构设计。

【工作流程】

【基础知识】

一、庭院铺地的作用

1. 提供休憩与活动场所

庭院中的铺地是人们主要的休憩与活动场所。一般来说，景色优美的地方需要有一定的铺地以供人们驻足观赏，在铺地上设置一些休憩设施便形成了很好的休憩空间，如图3-23a所示。另外，在庭院中开展各类活动也必需有一定面积的铺地以形成活动空间，如图3-23b所示，它是由铺地所形成的儿童游戏与活动的区域。

图 3-23　提供休憩与活动场所

a）提供休憩场所　b）提供活动场所

2. 引导视线与暗示不同的区域

铺装的图案能够产生一定的方向性，或引导人们向前，或让人驻足停留，如图3-24a所示，采用直线形条带状铺装具有向前引导作用。铺装形状、色彩、材料与质感的不同，能够形成明确的界线，从而暗示不同的区域。庭院中同一功能区域中的两个区域，往往可以通过不同的铺装材料进行划分，或是同种铺装材料的不同色彩、不同铺设样式进行划分。图3-24b通过材料、色彩的不同暗示不同的区域。

图 3-24　引导视线与暗示不同的区域

a）引导视线作用　b）暗示不同区域

3. 影响空间的尺度

铺装图案与材料尺寸对庭院空间的尺度有较大影响。铺装图案较大、每块铺装材料体量较大，则空间感觉较为舒展、大气，如图 3-25a 所示；铺装图案与材料尺寸较小，则空间较有亲切感，如图 3-25b 所示。

a)　　　　　　　　　　　　　　　　b)

图 3-25　影响空间的尺度

a）大图案铺装　b）小图案铺装

4. 参与庭院景观营造

庭院中的铺地形式、图案、色彩、质感变化多样，本身能够给人以视觉美感。合理地设计铺装能够对景观空间氛围起到渲染与烘托作用，使景观内涵更为深刻。图 3-26a 所示为通过白砂铺地营造的枯山水景观及意境。另外，铺地能够与其他造景要素一起参与景观的营造，共同形成优美的庭院景观。图 3-26b 展示了花朵形的铺地与植物、座椅等景观很好地结合在一起，形成的统一构图。

a)　　　　　　　　　　　　　　　　b)

图 3-26　参与庭院景观营造

a）铺地对环境氛围的渲染　b）铺地与其他景物组合造景

二、庭院铺地设计原则

1. 实用性原则

庭院铺地的设置首先要满足人们在使用上的各项功能的要求，从使用者角度出发，选择合适的铺装材料、铺设样式、色彩、质地、结构等。铺地的位置、面积设置都应考虑庭院的使用特点。

2. 美观性原则

铺地作为庭院景观的组成部分，具有较高的景观要求，要给人以视觉美感。庭院铺装设计一方面要从整体上进行考虑，协调好铺装与其他景物的关系；另一方面要从铺装本身的形状、色彩、肌理上进行考虑，形成具有特色的铺地景观。

3. 生态性原则

庭院铺地设计的生态性原则主要体现在铺装材料的选择与铺设方式上。铺地各结构层材料尽量采用透水、透气的材料，使水能够渗入地下，减少地表径流，补充地下水。生态性原则还应体现在节约材料上，如我国传统庭院中往往采用一些碎瓦、碎石进行铺地，使废旧材料得以循环利用。

三、庭院铺地平面设计

1. 铺地的位置布设

（1）庭院出入口　庭院出入口是人们的出入通道。对公共庭院来说出入口是人流较多的地方，具有集散作用；在私人庭院中出入口往往是人们迎来送往的地方。因此，无论何种庭院在出入口处都需要设置一定的铺地。

（2）重要的景物周围　庭院中景观较好的地方也是人们最想停留的地方，在这些地方设置铺地能够为人们提供良好的观赏与休憩环境。

（3）主要活动区域　人们的活动需要有平坦的地面，因此需要设置一定面积的铺地以满足功能需要。庭院中的铺地形式非常丰富，可以是硬质的石板地面，也可以是柔质的砂地等。

（4）建筑出入口前　主体建筑出入口前一般需要设置一个缓冲的场地，一方面有一定的集散作用，另外也有很好的空间过渡作用，可以形成室内外的过渡空间。此外，庭院中的园林建筑前往往也需要设置一定面积的铺地。

其他地方可根据具体需要灵活设置，如在水边设置亲水平台观赏水景，在绿荫丛中设置铺地形成良好的休憩空间等。

2. 铺地平面形状设计

平面形状主要指铺地的外形轮廓，在设计时首先要确定铺地整体外形与边界。根据构成铺地的线形不同，铺地平面形状可分为直线形、曲线形及混合形。

铺地在平面形状设计时主要注意以下几点：

1）铺地的整体平面形状设计要与庭院的整体风格与构图特点保持一致，形成统一的格调。一般自然式庭院中的铺地以曲线形为主，规则式庭院中的铺地往往以直线形为主。

2）位于建筑周边的铺地在平面形状设计上要注意与建筑线条的呼应关系，通常建筑周边采用直线形的铺地能够使两者取得较好的协调关系。

3）庭院中的铺地与园路往往形成"点与线"或"面与线"的关系，因此两者平面形状既要有较好的统一关系，也要形成一定的变化。

4）在铺地边界处理上，要注意与周边景物的关系，使其衔接自然。

3. 铺地平面尺寸设计

铺地的平面尺寸大小主要受庭院性质与面积、铺地的功能、使用人数及与周边景物的关系所决定，如公共建筑庭院通常需要为人们营造一些共享空间，供人们交流、休憩、活动时使用，这些地方铺地的尺寸一般需考虑使用者数量，形成合理的容量。铺地的尺寸能够影响整体空间的尺度，因此，铺地尺寸还要注意与周边景物的大小、高度等的关系，以形成良好的空间感。

4. 庭院铺地装饰设计

（1）图案与纹样　图案是有装饰意味的花纹或图形；纹样是指图案形式，通常是比较单一的几何变化的花纹、纹饰，如图3-27所示。图案装饰性较强，可以是抽象图案，也可以是具象图案，它比纹样复杂，往往集多个纹样的组合。庭院铺装一般较为精美，具有优美的图案与丰富的纹样。

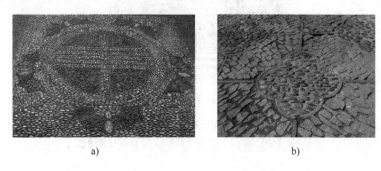

a)　　　　　　　　　　　　　　　b)

图3-27　铺地图案与纹样

a）五蝠拱寿图案　b）十字海棠纹样

不同的铺装纹样与图案会形成不同的视觉感受，影响着庭院整体环境氛围。方形纹样整齐、规矩，具安定感；三角形纹样零碎、尖锐，具活泼感；圆形纹样圆润、优雅，水边散铺圆块，会让人联想到水珠、水中荷叶；庭院中还常用仿自然纹理的不规则形，如乱石纹、冰裂纹等，具有自然与朴素感。庭院铺地的纹样应以简洁的构图为主，繁琐复杂的纹样易产生杂乱无章的感觉。另外铺装材料铺设方向不同，其效果也有一定差异，如同样的方形材料直线形铺设则简洁大方，斜线形铺设则生动活泼。

庭院铺装的图案要从铺地位置、功能、形状、景观主题等多方面考虑。当铺地作为休憩使用时，通常可以采用方形的网格图案，形成平静、安定的效果，暗示静态停留空间，如图3-28a所示，通过斜向交叉的网格形成安静的休憩区域；当铺地中间有一景观小品时，则可采用同心环状或放射状图案，以形成突出主景的效果，如图3-28b所示，通过放射状铺地使视线聚焦于放射中心；当铺地位于水边时则可采用流线形或波浪形图案，具有较好的流动感，如图3-28c所示，水池周边采用自然流畅铺装图案，让人产生水的联想；铺地图案还可与其他景物共同组景，统一构图。

（2）尺度　庭院中铺装的尺度主要由铺装图案的尺寸和铺装材料的尺寸两方面来决定。在铺装图案尺寸设计方面，一般大空间用大尺度的图案，以形成整体统一的感觉。如果图案太小，则铺装就会显得琐碎；小空间则宜采用小尺度的图案，以使空间显得亲切、宁静。在

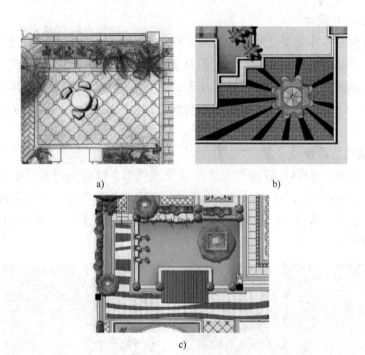

a)   b)

c)

图 3-28　铺地图案与视觉感受

a）具有稳定感　b）具有聚焦效果　c）具有流动感

铺装材料的尺寸方面，大空间较多采用大尺寸的材料；而中小尺寸的材料，更适用于一些中小型空间。

（3）色彩　庭院中铺装的色彩首先应与庭院的氛围相统一。色彩具有鲜明的个性，暖色调热烈、兴奋，冷色调优雅、明快；明朗的色调使人轻松愉快，灰暗的色调则更为沉稳宁静。因此，要根据庭院所营造的整体氛围对铺装色彩进行合理的选择与搭配。

一般庭院铺装常以中性色为基调，以少量偏暖或偏冷的色彩做装饰性花纹，做到稳定而不沉闷。如果铺地色彩过于鲜艳，可能会喧宾夺主，影响整体景观效果。

（4）质感　铺装质感在很大程度上依靠材料的质地给人们传输各种感受，如质地细密光洁的材质有优美雅致、富丽堂皇的感觉，如图 3-29a 所示；质地粗糙的材料有粗犷、朴实、亲切的感觉，如图 3-29b 所示。因此，质感设计首先要根据庭院环境特点选择合适的材料，创造特定的氛围。

其次，要注意质感的对比与调和处理，以形成既生动、活泼，又美观、协调的铺装效果。不同的材料有不同的质感，同一材料也可以加工成不同的质感。在对比处理上，可以通过质感完全不同的材料进行组合以产生对比效果，给人以较强的视觉冲击力，尤其是自然材料与人工材料的搭配，往往能够产生非常好的效果。同时铺装质感上的对比也有利于不同空间的创造。在调和处理上，可利用质感不同的同种材料形成协调统一的感觉，如石材光面与毛面的搭配。另外，相似质感材料的组合可以起到过渡作用。

铺装设计还要考虑空间的大小。大空间多可选用质地粗犷厚实、线条明显的材料，容易

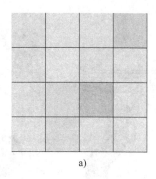 

图 3-29 铺装材料质感

a）细密、光洁的质感　b）粗犷、朴实的质感

给人稳重、沉着的感觉；小空间则多选择较细小、圆滑的材料，容易给人轻巧、精致的感觉。

四、庭院铺地竖向设计

庭院铺地竖向设计主要注意以下几点：

1）庭院铺地的竖向设计要满足排水需要，保证铺地地面不积水。因此，任何铺地在竖向上都要有不小于 0.3% 的排水坡度。

2）可以通过庭院铺地在竖向上的高低变化形成不同的空间，一般下沉式的铺地易形成内向型的空间，上升式的铺地则易形成外向型的空间。

3）铺地竖向设置需结合本身的景观要求，同时要处理好铺地与园路、建筑、水体等的高程衔接关系，如位于水边的平台在设计上要注意形成亲水的效果。

4）竖向设计要结合铺地的功能，如庭院出入口的铺地考虑到人行与车行的出入方便应以平地为主，不设或少设台阶。

【实践操作】

一、天香庭院铺地平面设计

天香庭院中的铺地主要位于建筑南北入口前、前后两个"漩涡"处、休憩亭周边、卵石滩等位置，如图 3-30 所示。建筑南北入口铺地面积较大，建筑北入口前铺地是出入庭院的主要通道，建筑南入口铺地为主要活动区域，两者形成庭院中的"面"状铺地，而其他铺地均以"点"状形式分布于庭院中。

该庭院建筑周边的铺地主要采用直线形构图与建筑线条相统一，其他地方铺地则采用圆形或弧线形构图与庭院主题相呼应。在铺地的边界处理上应非常注意与周边景物的衔接关系，过渡自然。

下面以建筑南入口前铺地为例进行介绍。

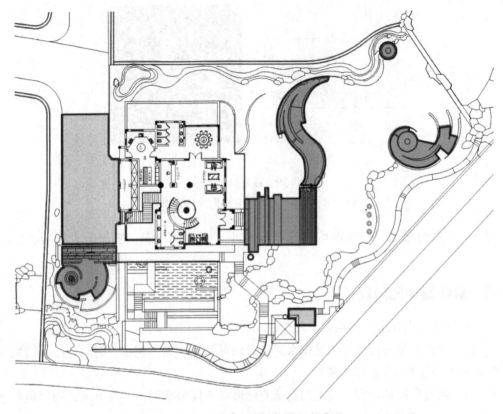

图 3-30　天香庭院铺装平面布置图

　　建筑南入口前铺地主要采用 80～120mm 厚老石板铺设，在临水处采用厚度为 35mm 的红柳桉防腐木形成亲水平台，如图 3-31a 所示，从而形成衔接紧密的两个区域。石板铺设的区域以活动、休憩为主。在铺地边界处理上采用石板与草坪镶嵌的方法，两者有进有退，衔接自然，如图 3-31b 所示。石板铺地采用大小规格不同的老石板进行铺设，其中最大的石板平面尺寸为 3300mm×1220mm，最小的为 1100mm×200mm，铺设时注意宽窄相间，形成一定的节奏变化，从而打破规整石板的呆板感，如图 3-32 所示。

a)　　　　　　　　　　　　　　　　　b)

图 3-31　天香庭院建筑南入口前铺地效果

a）铺地整体效果　b）铺地边界处理

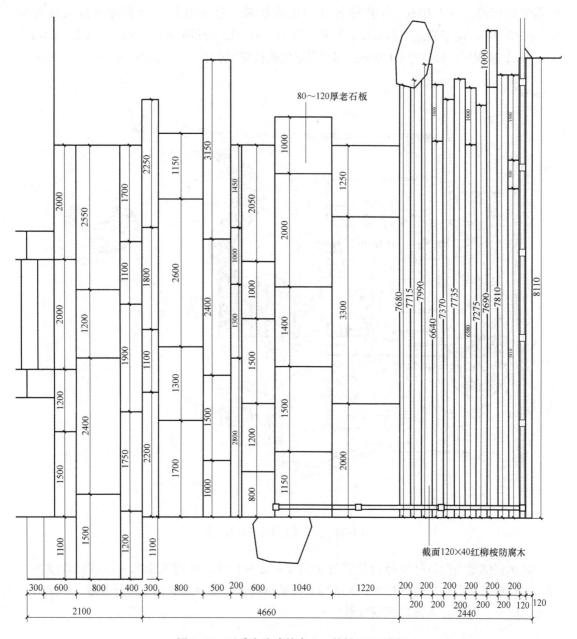

图 3-32 天香庭院建筑南入口前铺地平面图

木板铺设的区域则以观赏水景为主。深红的柳桉与淡粉红的老石板形成色彩与质感的对比，同时滨水的木板铺地能够为该空间添加一些轻盈感，更好地与栏杆、水池结合在一起。

二、天香庭院铺地竖向设计

在该庭院铺地竖向设计时首先应考虑与园路、建筑、水体以及园外道路等的高程衔接关系，如图 3-33 所示。庭院入口铺地标高为 -0.45m，与外道路具有较好的衔接；建筑南入

口前铺地标高为 - 1.05m，以获得较好的亲水效果。建筑南北入口前铺地排水坡度为 0.3% ~ 0.4%，能够满足排水需要。另外，亭观亭旁的铺地标高为 1.50m；亲水平台标高为 - 1.30m，漩涡平台标高为 - 1.05m；卵石滩呈斜坡状伸入水中，其标高为 - 1.30 ~ - 1.75m。

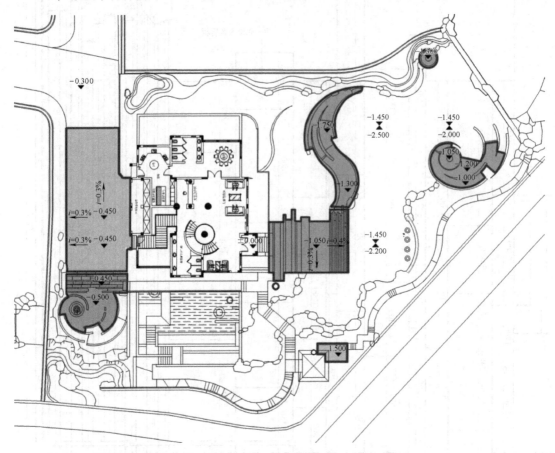

图 3-33　天香庭院铺地竖向设计

　　其次在铺地竖向设计时结合景观与功能要求合理设计，如建筑南北入口前铺地较为平坦，主要考虑活动与交通的功能，又如卵石滩的标高设计主要从景观上进行考虑，形成部分在水面以上，部分在水面以下的效果。

三、天香庭院铺地结构设计

　　庭院中的铺地与园路的结构基本相同，由面层、结合层、基层、垫层、路基和附属工程组成。

　　下面以建筑南入口前铺地为例进行介绍。

　　该处铺地以老石板铺装为主，在临水处设置木质亲水平台，如图 3-34 所示。石板铺装结构从下至上分别为：素土夯实→100mm 厚碎石垫层→100mm 厚 C15 混凝土层→30mm 厚 1:3 水泥砂浆→80 ~ 120mm 厚老石板；木质平台结构分别为：素土夯实→100mm 厚碎石垫层→80mm 厚 C15 混凝土层→120mm 厚钢筋混凝土层→防腐木龙骨（截面 50mm × 50mm）→

红柳桉防腐木（截面120mm×35mm）。

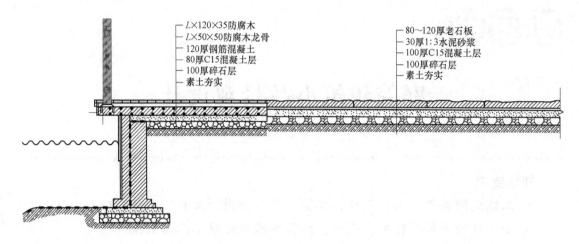

L×120×35防腐木
L×50×50防腐木龙骨
120厚钢筋混凝土
80厚C15混凝土层
100厚碎石层
素土夯实

80～120厚老石板
30厚1:3水泥砂浆
100厚C15混凝土层
100厚碎石层
素土夯实

图3-34　天香庭院建筑南入口前铺装结构图

【思考与练习】

1. 庭院中铺地主要布置在哪些位置？

2. 庭院中铺地平面与竖向设计要点是什么？

3. 一般庭院铺地结构包括哪些部分？以石板铺地与木板铺地为例进行说明。

4. 完成前述20号别墅庭院的铺装景观设计，要求因地制宜、布局合理；形状优美，结构合理；铺装自然美观，与周边环境协调。

庭院建筑小品景观设计

学习引言

建筑小品在庭院中往往起到画龙点睛的作用，它不仅具有较高的观赏价值，同时，也具有一定的实用功能。庭院中的建筑小品形式与类型丰富，既有实用性的园林建筑小品，又有装饰性小品，主要包括亭子、廊、花架、景墙、栏杆、雕塑、座凳、桌椅、花格、花池、花钵、瓶饰、盆饰、园灯等。

本项目主要包括以下三个任务：

（1）庭院亭子景观设计。

（2）庭院廊架景观设计。

（3）庭院其他建筑小品景观设计。

任务一 庭院亭子景观设计

古人云："亭者，停也"，即停止之意，含有休息的意思。亭子是庭院中较为常见的园林建筑，是人们休憩、纳凉、避雨及欣赏庭院景色的场所。亭子体量不大、造型丰富、布局灵活，能够形成局部景观的视觉中心与"亮点"，具有很好的"点景"作用。

【任务分析】

本任务主要包括以下三个方面内容：
1）完成庭院亭子平面设计，确定亭子位置、平面形状及尺寸。
2）完成庭院亭子立面设计，确定亭子立面造型、色彩及高度。
3）完成庭院亭子结构设计，确定亭子的材料与构造。

【工作流程】

【基础知识】

一、庭院亭子类型

根据庭院亭子风格不同，主要可以分为以下三种类型：

1）中式亭。这是指中国传统形式的亭，其构造和建造有一套相对固定的模式。中式亭有南北风格之分。南方风格以江南地区的私家庭院中的亭为代表，朴素淡雅，轻盈秀丽，如图 4-1a 所示；北方风格则以北方地区的皇家庭院中的亭为代表，较为雄浑、端庄，装饰华丽夺目，如图 4-1b 所示。

2）西式亭。这是指具有西方传统建筑风格特色的亭。西式亭的亭顶以穹隆顶、多面坡顶最为常见，柱身部分多用西方古典柱式或其变形，而平面则多呈圆形或正多边形，敦实、稳重，如图 4-1c 所示。

3）现代亭。现代亭的种类繁多，形式变化多样，制作材料丰富。现代亭往往造型简洁、活泼，富有特色，常见的有构架亭、竹木亭、草亭、仿生亭、拉膜亭及特殊形式亭等，如图 4-1d 所示。

二、庭院亭子平面设计

1. 亭子位置布设
亭子在庭院中的设置位置不同，其周边环境特点也不同，一般主要在以下位置设置。

图 4-1　庭院亭子类型

a)、b) 中式亭　c) 西式亭　d) 现代亭

（1）山地建亭　这里的山地主要指人工堆叠的具有"山地感"的假山，庭院中的假山一般高度都不大，通过亭子可以增加山体高度，同时，也能形成较好的能够眺望园景的休憩场所。另外，在体量较大的山地上建亭除了可将亭子建于山顶外，还可以建于山腰、山麓等位置。

（2）水边建亭　将亭子设置在水边可以形成美丽的倒影，构成虚实对比，增加空间层次。另外，如果庭院水面较大，还可将亭子建于水中、岛上、桥上等处。

（3）平地建亭　平地建亭一般选择在庭院路边、花畔、林间或角隅等处，结合休息纳凉建筑设置。另外，亭子根据与园路的关系有两种布置方式：一种是一个出入口，终点式的，较适于安静休憩；还有一种是两个出入口，通道式的，常作为动态赏景中的一个节点。

亭子无论是处于山顶、高地、池岸水矶、茂林修林、曲径深处，在布置时都必须考虑两个方面的因素：①适合欣赏风景的地方，周边环境较为优美，视线较好；②亭子在庭院景观中能够起到画龙点睛的作用，因此，要结合景观效果考虑其位置，充分考虑空间视线关系及对景、借景等造景手法的运用。

2. 亭子常见平面形式

亭子平面形式丰富多样，主要有圆形、正多边形、长方形、仿生形及组合形等。

（1）圆形　圆亭平面形式为圆形，庭院中圆形亭子的柱子一般也为圆形且以六根居多。小型圆亭也可以只在中间设置一根柱子形成单柱亭，如图 4-2a 所示。

（2）正多边形　正多边形亭子以正三、四、六、八角形较为常见，如图 4-2b 所示。一般正多边形亭柱子的数量与边数相同，如正四边形的方亭常设置四根柱，柱子平面形状可为圆形或方形。小型正多边亭也可采用单柱形式。

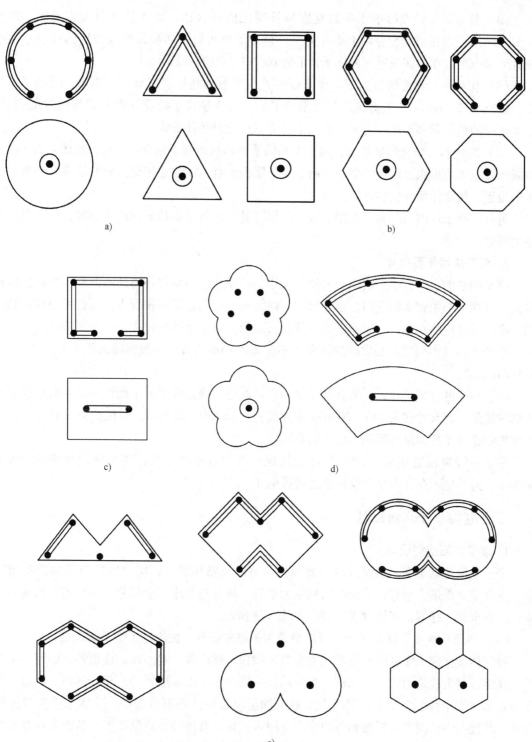

图 4-2　亭子常见平面形式

a）圆形　b）正多边形　c）长方形　d）仿生形　e）组合形

（3）长方形　长方形亭子平面宽度与长度比值要合适，太狭长就会失去美感，多为1:（1.5~3），以接近黄金分割1:1.6为主。长方形亭可设置四根圆形或方形的柱子。小型长方形亭也可只在中间设置两根柱子，形成双柱亭，如图4-2c所示。

（4）仿生形　常见的仿生型亭子平面形式主要有梅花形、海棠形、扇形、睡莲形、伞亭、蘑菇亭等。图4-2d为梅花形与扇形亭平面。仿生亭柱子的设置需根据所仿对象而异，如伞亭、蘑菇亭等多以单柱为主，梅花亭多为五柱或是单柱形式。

（5）组合形　组合形亭子一般由多个相同平面形状的亭子组合在一起，如图4-2e所示，由圆形及正多边形组合而成的亭子。两个亭子平面组合时需注意相交部分的处理，特别是柱子的设置，从而使两者衔接自然。

另外，亭子还可以与廊、花架、墙、门洞等其他建筑小品相结合进行设置，还可形成半亭的形式。

3. 亭子常用平面尺寸

亭子的平面尺寸大小影响亭子的体量大小，关系亭子与整体环境的协调性。当庭院面积较大，且观赏视距较远的空间，亭子尺寸可略大些；而当庭院面积较小，观赏视距较近的空间，亭子尺寸可略小些。一般亭子只是休息、点景，体量上不宜过大，宜小巧玲珑。

亭子开间（即两柱中心之间的距离）多在2.4~5m为宜，一般庭院面积不大，以2.8~3.5m者居多。

除了亭子的外形尺寸，一般在亭子平面设计时还要确定柱子的平面尺寸。一般亭柱多为方形或圆形，其尺寸多为150~200mm见方或直径为150~200mm，石柱截面可略大。具体尺寸要根据亭子的高度与所用的结构材料而定。

亭子一般需设置座凳（椅）等休憩设施，常结合柱子布设，座凳板宽度多为300~400mm。另外也可在亭中独立设置成组的石桌凳。

三、庭院亭子立面设计

1. 亭子立面造型设计

亭子立面造型丰富，在设计时一方面要与庭院风格相统一，同时也要与其他景观相协调。从亭子立面形态来看，主要可以划分为亭顶、柱身与基座三个部分，另外还有其他一些构件，如宝顶、挂落、座椅（凳）等，如图4-3所示。

（1）亭顶　亭顶是决定亭子立面造型最为关键的部分，也决定了亭子的风格。

我国传统庭院中常见的亭顶形式主要有攒尖顶、歇山顶、卷棚顶、盝顶等，如图4-4所示。其中以攒尖顶最为常见，如图4-5所示，一般应用于正多边形（三角、四角、六角、八角等）和圆形平面的亭子上，同时在层数上除了单檐亭外还有重檐亭。除圆形攒尖顶无屋脊外，其他攒尖顶屋脊自屋面和各角中心向屋顶汇聚，脊间坡面略呈弧形。歇山顶具有四坡九脊，其中一条正脊，四条垂脊，四条戗脊。卷棚顶前后两坡相交处不作正脊，由瓦垄直接卷过屋面成弧形的曲面。盝顶中间部分为平顶，有时也形成开口作为井亭屋顶。

随着现代材料与结构形式的变化，又出现了平顶、坡顶、穹顶、折板顶、壳体顶及其他特殊形式的亭顶，如图4-6所示。

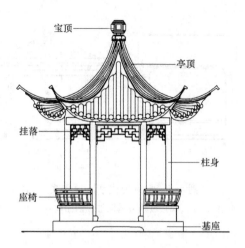

图4-3　亭子立面构成要素

图4-4　常见古典亭屋顶样式

a）攒尖顶　　b）歇山顶　c）卷棚顶　d）盝顶

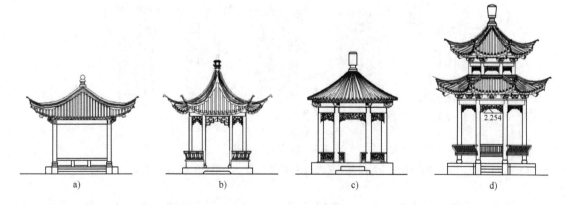

图4-5　常见攒尖顶样式

a）四角攒尖顶　　b）六角攒尖顶　c）圆形攒尖顶　d）重檐攒尖顶

　　（2）柱身（亭身）　亭身主要包括柱子、座凳（椅）及其他装饰构件，一般比较通透，其造型主要由柱子样式所决定，因此也常称为柱身。柱子造型一般分为柱墩、柱身、柱

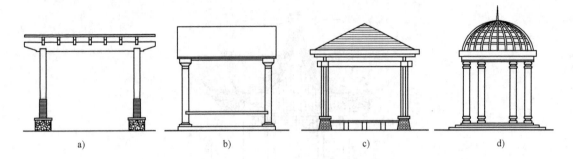

图 4-6　常见现代亭屋顶样式

a）平顶　　b）、c）坡顶（两面坡、四面坡）　　d）穹顶

头三部分。

　　传统中式亭柱子造型较为简单，以圆形柱及方形柱居多。柱子下方常设置石鼓作为柱墩，一方面能够增加柱身立面变化，同时起到很好的防潮作用。另外柱头可采用雕花构件装饰。

　　柱式的造型对西方建筑艺术具有较大影响，典型的古典柱式包括多立克式、爱奥尼克式、科林斯式、塔司干式及复合式等，如图 4-7 所示。多立克式柱身比例粗壮，柱高与柱径的比例多为 8∶1，柱身有凹槽，柱头比较简单；爱奥尼克式的柱身比例修长，柱高跟柱径的比例多为 10∶1，柱头有两个涡卷装饰；科林斯式的柱头有毛茛叶作装饰，形似盛满花草的花篮，其他各部分与爱奥尼克式相同；塔司干式的柱身较粗壮，无圆槽，柱高跟柱径的比例多为 7∶1；复合式则是在科林斯式柱头上加上一对爱奥尼克式的涡卷，装饰更为复杂、华丽。现代西式亭亭柱造型往往由这些传统柱式简化而来。

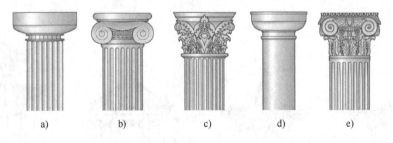

图 4-7　西方古典柱式

a）多立克式　b）爱奥尼克式　c）科林斯式　d）塔司干式　e）复合式

　　现代亭柱子造型更是丰富多样，根据所用材料不同，其造型特点亦有所差异，整体上简洁、新颖，不拘一格。

　　（3）基座　亭子基座位于亭子的最下端，使亭子显得稳定、牢固。基座一般采用厚重的石材、砖块及混凝土材料，表面还可进行一定装饰处理。基座厚度随环境而异，当厚度较高时，可设置台阶衔接过渡。另外也可将亭子直接做在地面上而不设基座。

2. 亭子立面尺度设计

亭子的立面尺度也同样影响亭子的体量大小，亭子立面各部分及立面与平面之间的比例关系还影响亭子自身的协调性。

亭子的立面高度要与整体环境协调，一般庭院中的亭子高度往往不大，一般为 3 ~ 5m，檐口下皮高度一般取 2.6 ~ 4.2m，可视亭体量而定。另外一般亭子檐口都需出挑，传统亭出檐往往按檐口高度的 1/4 取值，多为 750 ~ 1000mm，现代亭出檐一般小于传统亭，亭子造型不同出檐距离不同。

亭子的柱高和面阔具有一定比例关系，造型特点不同其比值也有所不同，或端正、浑厚，或俊俏、挺拔。一般方亭柱高与面阔比值为 0.8:1，六角亭比值为 1.5:1，八角亭比值为 1.6:1。

在亭子立面设计时还要考虑座凳及靠背栏杆的高度，一般座凳高度为 400 ~ 450mm，靠背高度为 350 ~ 450mm，与凳面呈一定夹角。

四、常见庭院亭子结构

庭院中亭子常用材料主要有竹、木、石材、混凝土及其他特种材料（如玻璃钢、塑料树脂等），也可以采用组合材料建造亭子，不同材料的亭子其结构也各不相同。

1. 传统木亭基本结构

（1）亭身架构做法　传统木亭亭身架构一般由立柱、檐枋、花梁头、檐垫板、吊挂楣子、座凳楣子等组成，如图 4-8 所示，为某单檐六角攒尖顶亭子的亭身架构。其中立柱是木构架主要承重构件；檐枋是将各立柱连接成整体框架的木构件；花梁头是搁置檐檩的承托构件；檐垫板是填补檐枋与檐檩空档的遮挡板；吊挂楣子是安装于檐枋下的装饰构件；坐凳楣子安装于靠近地面部位，楣子上加坐凳板，供人休憩。

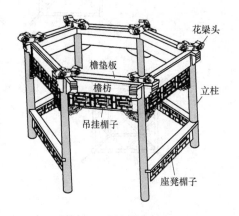

图 4-8　亭身架构做法

（2）亭顶架构做法　传统亭顶架构主要有以下几种类型：

1）伞法：模拟伞的结构模式，用斜戗和枋组成亭子的顶架，如图 4-9a 所示四角亭与圆亭的屋顶架构。由檐口处的一圈檐梁与柱组成承重构架。一般用于亭顶较小，自重较轻的亭子。亭顶上部可增加一圈拉结梁，以增加亭子刚度。

2）大梁法：亭顶用一字梁上架灯心木，较大的亭子可用两根平行大梁或相交的十字梁，共同分担荷载，如图 4-9b 所示。

3）搭角梁法：在亭的檐梁上首先设置抹角梁与脊（角）梁垂直，与檐梁成 45°，在其上交点处设置童柱，童柱上再设搭角梁重复交替，如图 4-9c 所示。

4）扒梁法：扒梁有长短之分，长扒梁两头一般搁于柱子上，短扒梁则搭在长扒梁上，如图 4-9d 所示。用长短扒梁叠合交替，有时再辅以必要的抹角梁即可。

5）井字交叉梁法：在同一平面内，高度相当的梁垂直相交，呈井字形布置，如图 4-9e

所示。

6）抹角扒梁组合法：首先设置抹角梁，然后在其梁正中安放纵横交圈井口扒梁，层层上收，视标高需要而立童柱，上层重量通过扒梁、抹角梁传到下层柱上。

7）杠杆法：以亭之檐梁为基线，通过檐桁斗栱等向亭中心悬挑，借以支撑灯心木。同时以斗栱之下昂后尾承托内枕枋，起类似杠杆作用，使内外重量平衡。

8）框圈法：多用于上下檐不一致的重檐亭，特别当材料为钢筋混凝土时，此种法式更利于冲破传统章法的制约，创造出更符合力学法则，而又不失传统神韵的构造。

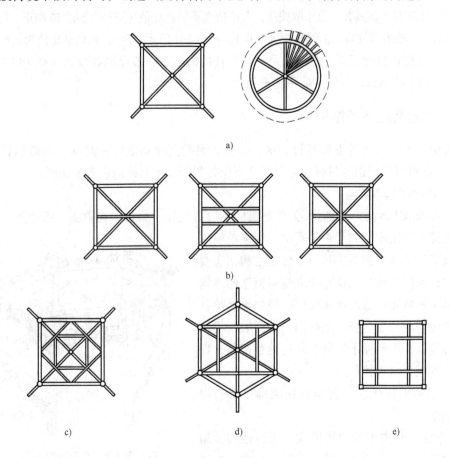

图 4-9 常见亭顶构架

a）伞法 b）大梁法 c）搭角梁法 d）扒梁法 e）井字交叉梁法

下面以前述单檐六角攒尖顶亭子为例阐述其屋顶架构做法，如图 4-10 所示。

首先在花梁头上安装"檐檩"，形成圈梁作用；然后在檐檩之上设置"长短井字扒梁"（也可设置成"抹角梁"的形式），梁上安置"交金墩"承接与搭接"金檩"，金檩形成亭子的第二层圈梁；再在第一圈与第二圈檩木的交角处安置"角梁"，各角梁尾端由延伸构件"由戗"与雷公柱插接形成攒尖结构。

（3）屋顶构造与做法 亭子屋顶主要由屋面、宝顶与屋脊构成，如图 4-11 所示。前者为大式做法，采用筒瓦屋面，垂脊有走兽装饰；后者为小式做法，层面采用蝴蝶瓦。

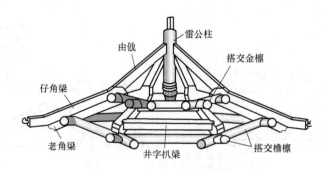

图 4-10　亭顶架构做法

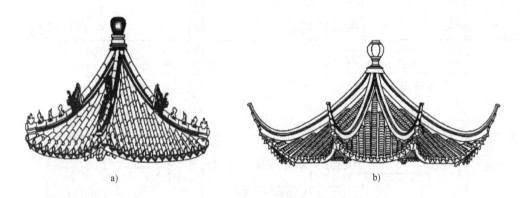

图 4-11　亭顶类型

a）大式亭顶　b）小式亭顶

亭子屋面一般具有防雨、遮阳、挡雪等围护作用。一般先在檩木上布设椽子，再在椽子上铺设屋面望板，其上需做防水处理，然后再进行屋面瓦作，如图 4-12 所示。

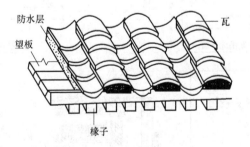

图 4-12　亭子屋面基本构造

2. 钢筋混凝土亭结构

现代亭子较多采用钢筋混凝土结构，其牢固性好，造型更为自由与多变，也可形成仿古亭样式。同时采用钢筋混凝土可以节约大量木材和人工，从而降低成本。

仿古钢筋混凝土亭可以采用预制和现浇两种做法，构件截面尺寸大致与木结构构件相同，亭顶的梁架构成多采用仿抹角梁法、井字交叉梁法和框圈法等。

现代钢筋混凝土亭形式较为多变，结构与做法也不拘一格。下面以某庭院钢筋混凝土亭为例阐述其基本结构，如图 4-13 所示。

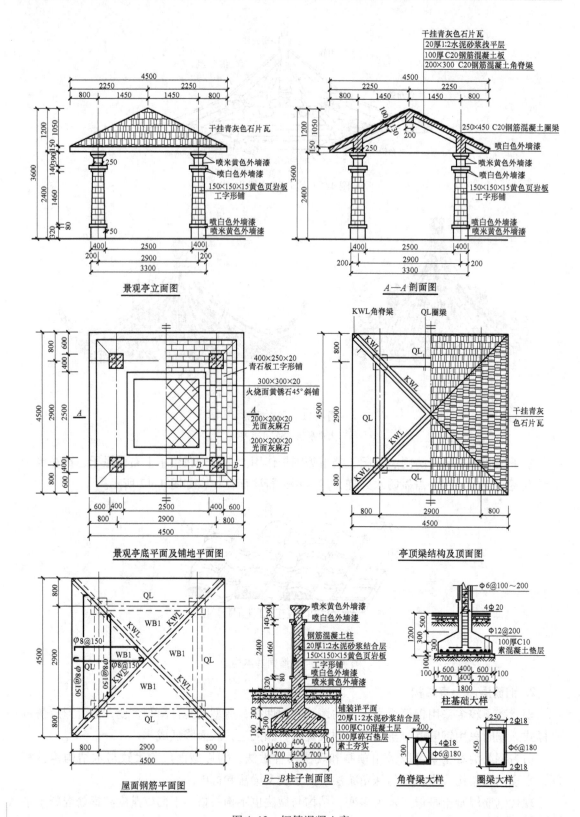

图 4-13　钢筋混凝土亭

该亭子为四坡顶亭，底平面为 4500mm×4500mm 的正方形，柱间距为 2900mm，亭高为 3600mm，檐口高度为 2400mm。

亭顶采用钢筋混凝土整体现浇方式，由四根截面为 200mm×300mm 的角脊梁与截面为 250mm×450mm 的圈梁构成亭子的梁架，屋面板厚度为 100mm，在屋面板上方设置 20mm 厚 1:2 水泥砂浆找平层，最外面采用青灰色石片瓦进行装饰。

亭柱也是采用钢筋混凝土整体现浇，柱子上部细下部粗，最宽处为 400mm×400mm，最窄处为 250mm×250mm。柱头与柱墩采用白色与米黄色外墙漆进行饰面处理，柱身外面铺贴 150mm×150mm×15mm 的黄色页岩板进行装饰。柱子基础为锥形独立基础，与柱子现浇在一起，上部尺寸为 400mm×400mm，底部为 1600mm×1600mm，下设为 100mm 厚垫层，尺度为 1800mm×1800mm，基础埋深 1100mm（垫层不计入埋深）。

该亭子下方铺地做法从下至上为：素土夯实→100mm 厚碎石垫层→100mm 厚 C10 混凝土层→20mm 厚水泥砂浆结合层→面层铺装。其面层铺装采用了 400mm×250mm×20mm 青石板、300mm×300mm×20mm 火烧面黄锈石、200mm×200mm×20mm 光面灰麻石等多种材料。

【实践操作】

一、天香庭院亭子平面设计

天香庭院的景观亭布置在全园制高点，能够俯瞰全园，具有"观景"与"点景"的作用。该亭以木结构为主，亭顶饰以茅草，自然、朴素，如图 4-14 所示。在该亭中间还可放置一组石桌凳以供休憩使用。

a)　　　　　　　　　　　　　　　　　　b)

图 4-14　天香庭院景观亭

a）近观效果　b）远观效果

该景观亭平面形状为正方形，长与宽均为 2.9m，柱间距为 2.3m，如图 4-15 所示。四根方形木柱截面尺寸为 200mm×200mm，石质柱墩上部小下部大，底部截面尺寸为 360mm×360mm。其中一根柱子的柱脚与众不同，采用一块较平整的天然石块，将柱子直接立于其上，如图 4-16 所示。通过这种打破常规的布置方式暗示庭院景观中保护环境的理念，即当工程中挖到自然的山石时，尽量考虑如何将其融入景观设计中，而不是简单地挖掉。亭子基座铺地四周采用 250mm 宽 50mm 厚荔枝面黄锈石走边，中间铺设 100mm 宽 40mm 厚防腐木地板，在柱子下方采用 50mm 厚芝麻黑荔枝面柱脚板。

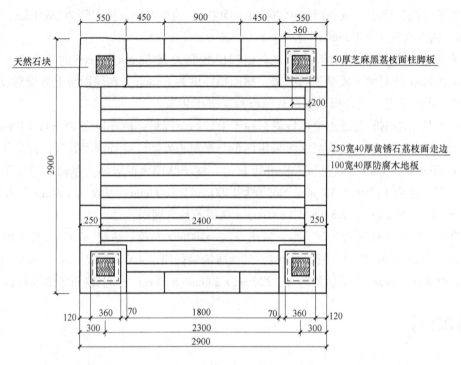

图 4-15　天香庭院景观亭平面图

平面图标注：550　450　900　450　550

天然石块　　50厚芝麻黑荔枝面柱脚板

2900　200

250宽40厚黄锈石荔枝面走边
100宽40厚防腐木地板

250　2400　250

120　360　70　1800　70　360　120
300　2300　300
2900

二、天香庭院亭子立面设计

天香庭院的景观亭立面采用较为简洁、朴质的形式，如图 4-17 所示。该景观亭采用木质架构为主，屋顶采用四面坡形式，外饰茅草，整体高度为 3.38m，其中底部基座高度为 0.18m，采用老石板设置一级台阶。基座外侧采用 25mm 厚不规则形黄锈石贴面处理，形成自然垒砌的装饰效果。柱子采用棕黄色的防腐木，下端用直径为 10mm 的麻绳捆扎装饰，柱墩采用整块的黄金麻花岗岩进行切割雕花而成。屋面板上铺设茅草进行装饰，具有浓郁的乡野风情。

图 4-16　天香庭院景观亭柱脚处理

三、天香庭院亭子结构设计

天香庭院景观亭整体上采用木结构，相比于传统木结构亭，现代木亭结构要简单得多。

该亭屋顶主要由四根截面为 120mm×100mm 的防腐木斜梁与一圈截面为 100mm×90mm 的防腐木横梁共同组成稳定的构架；屋面先铺设 20mm 厚 100mm 宽的防腐木板，再铺设油毛毡防水层，在此基础上铺设茅草，并用竹条进行绑扎与固定；屋顶下方檐口到柱之间的部分用 20mm 厚 100mm 宽的防腐木板进行封闭，如图 4-18、图 4-19 所示。

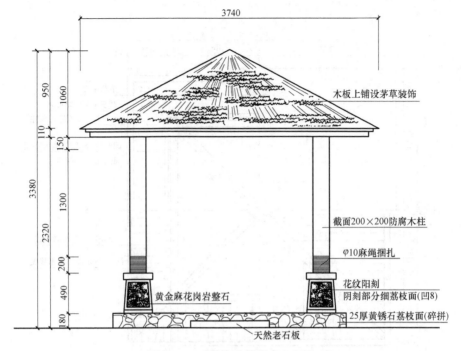

图 4-17　天香庭院景观亭立面图

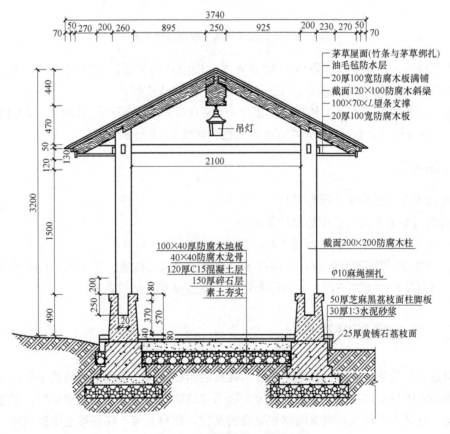

图 4-18　天香庭院景观亭剖面图

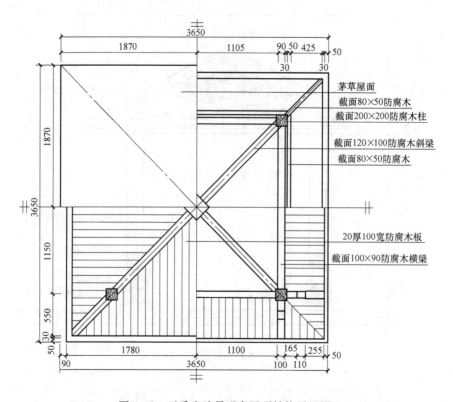

图 4-19 天香庭院景观亭屋顶结构平面图

景观亭柱身采用 200mm×200mm 的防腐木，柱墩采用黄金麻花岗岩整石，木柱通过榫头与石墩内的凹槽进行固定，柱子上方与斜梁采用企口式连接。

景观亭基座构造从下至上依次为：素土夯实→150mm 厚碎石层→120mm 厚 C15 混凝土层→40mm 厚防腐木龙骨→40mm 厚防腐木地板，如图 4-18 所示。

【思考与练习】

1. 庭院中常见的亭子有哪些类型？

2. 请说明亭子平面与立面的设计要点。

3. 请阐述传统木亭与钢筋混凝土亭的构造。

4. 为前述 20 号别墅庭院设计一座亭子，布置于合适的位置，亭子风格应与庭院设计风格一致，材料及构造类型不限，要求体量适宜、造型美观、结构合理。

任务二　庭院廊架景观设计

廊架是廊与花架的总称，是庭院中较为常见的园林建筑。廊原本为屋檐下的过道，是防雨、防晒的室内外过渡空间，后来发展成为联系建筑物之间的通道。花架是指供攀援植物攀附的棚架，它是人工建筑与自然植物相结合的景物。廊与花架不仅能够点缀庭院环境，还具有交通联系、划分与组织空间、休憩纳凉、遮避风雨等实用功能。

【任务分析】

本任务主要包括以下三方面内容：
1）合理选择廊架类型及布置位置，完成廊、花架平面形状及平面尺寸的设计。
2）结合廊、花架平面设计完成其立面造型、色彩、立面尺寸的设计。
3）确定廊、花架的材料与构造，完成廊、花架结构设计。

【工作流程】

【基础知识】

一、庭院廊架的类型

1. 庭院廊的类型

根据廊形式不同，主要可分为空廊、半廊、复廊、双层廊四种类型，如图 4-20 所示。

1）空廊，又称为双面空廊，有柱无墙，廊体开敞通透，廊的两面都可观景。一般用于庭院景色较优美的环境，两边均有景可赏。空廊布置灵活，是庭院中最为常用的形式。

2）半廊，又称为单面空廊，一边为空廊面向主要景色，一面靠墙或附属于其他建筑物，形成半封闭的效果。半廊的墙体可设置为实墙，亦可在墙上开设空窗、漏窗、门洞等，形成相邻空间的渗透，增加景观层次。

3）复廊，是在双面空廊中间设置一道墙进行分隔，犹如两列半廊复合而成，墙上设各式的漏窗、门洞，两面都可通行。通常设置在廊两面均有景可观，但景物特征又明显不同的地方，这样可以通过复廊将庭院不同景色空间有机地联系在一起。

4）双层廊，又称楼廊，有上、下两层，便于联系不同高程上的建筑和景物，同时也提供了在上下两层不同高程的廊中观赏景色的条件。

2. 庭院花架的类型

根据庭院中花架形式的不同，主要可以分为以下几类：

1）双柱式花架。双柱式花架是最常见的花架形式，花架条支承于左右梁柱上，如图 4-21a 所示。根据顶架形式不同可分为平架、拱形架、折形架等。

2）单柱式花架。单柱式花架的花架条嵌固于单向梁柱上，两边或一面悬挑，形体轻盈

图 4-20　庭院廊常见类型

a）空廊　b）半廊　c）复廊　d）双层廊

活泼，如图 4-21b 所示。

3）独立式花架。形成点状式的独立形体的花架，如图 4-21c 所示，其体量可大可小，大者可形成棚架。

4）组合式。其包括单体花架间组合（如独立式花架与廊式花架的组合）或是花架与亭、廊、景墙等的组合，如图 4-21d 所示。

二、庭院廊架的作用

1. 参与景观营造

廊架造型丰富，形体通透开敞、美观大方，能够起到很好的点景与框景的作用。将廊架布置于草坪花间，能够形成花廊、绿廊；布置于水边，能够形成优美的倒影效果；布置于山地，能够形成错落有致的景观。另外，廊架还可以与亭、水榭等其他建筑小品相结合布置，使整体造型更为灵活多变。

2. 提供休憩场所

廊架本身属休憩设施，通常在单侧或双侧设有座凳，独立式与组合式花架除侧边布置外，还常设置成组的桌凳，形成良好的户外交流空间。廊架能够遮阳、避雨、纳凉，通常布置于庭院景致较好的地方，是良好的休憩场所。

3. 联系与装饰建筑

一方面，通过廊架联系庭院内的单体建筑，能够形成空间层次丰富的建筑组群；另一方

图 4-21　庭院花架常见类型

a）双柱式　b）单柱式　c）独立式　d）组合式

面，廊架还可作为主体建筑附属部分，设置于建筑某些墙段或檐口，作为建筑空间的内外过渡，同时也能起到很好的装饰作用。

4. 庭院空间组织

廊架具有很好的空间组织作用。一方面，通过廊架的曲折布置，能够将单一的庭院划分成两个以上的局部空间；另一方面，廊架能够起到限定与围合空间的作用，各空间之间相互渗透又互相分隔。

三、庭院廊架常用建材及特点

庭院廊架常用的建筑材料主要有以下几种：

1）竹质材料：该种材料朴实、自然，易于加工，但耐久性相对较差。竹材的强度及断面尺寸有一定的局限性，梁柱间距不宜过大。

2）木质材料：木质材料的廊架在庭院中应用较为广泛，传统的廊架多为木结构。该种材料自然、朴素，加工方便，强度与耐久性比竹材要好。

3）石材：石材厚实耐用，但运输不便。传统欧式建筑中的廊常用石质材料构筑，一般附属于建筑，现代庭院中运用较少。花架较少用石质材料构筑，最多作为花架柱的材料。

4）钢筋混凝土材料：该种材料可根据设计要求浇灌成各种形状，也可作成预制构件，现场安装，灵活多样，经久耐用，一般需对钢筋混凝土表面进行装饰。

5）金属材料：利用钢材等金属可以任意弯折的特点，可制成各种活泼、自由、轻巧的造型。该种材料构件断面及自重均小，但应经常油漆养护，以防脱漆腐蚀。采用此种材料的花架时要注意阳光直晒下架体温度较高，应考虑使用的地区和选择攀援植物种类，以免炙伤枝叶。

6）其他材料：如塑木、玻璃钢等。

四、庭院廊景观设计

1. 廊平面设计

根据廊平面形式不同，主要可分为直廊、曲廊、弧形廊、回廊等类型，如图 4-22 所示。

（1）直廊　直廊呈"一"字布置，这是廊的最初的平面形态，也是其最基本的形态单元。直廊简洁、庄重，常与亭、榭等园林建筑结合在一起以避免其单调感。

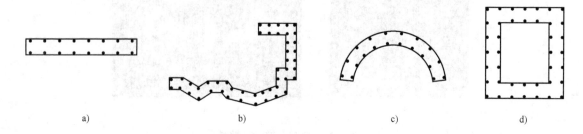

a)　　　　　　　　　b)　　　　　　　　　c)　　　　　　　　　d)

图 4-22　廊常见平面类型

a）直廊　b）曲廊　c）弧形廊　d）回廊

（2）曲廊　曲廊并不是曲线形廊，而是指廊平面形状迂回曲折，通常呈折线状的廊。根据曲折的角度不同，曲廊可分为"曲尺曲"与"之字曲"两类，"曲尺曲"的廊转折角度呈 90°直角转弯，"之字曲"的廊角度较为自由。通过廊的转折而改变方向，使人们的观赏视角也随之改变，从而达到步移景异的效果。

（3）弧形廊　弧形廊是指平面形状呈弧线形的廊，如欧式庭院中常见的半圆形廊。弧形廊可以与自然的水池、弯曲的道路取得很好的协调关系。

（4）回廊　回廊的平面布置呈"回"字形，有时也布置成"门"字形，通常布置在建筑物、水池、大树、草坪等景物周围，能较好地围合与组织空间。

另外，廊与亭子、水榭等其他园林建筑的组合造景能够丰富廊的平面变化，形成"点"与"线"的组合关系，如图 4-23 所示。

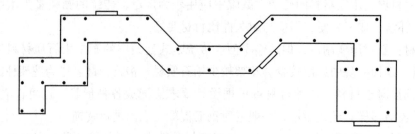

图 4-23　曲廊与亭子的平面组合

庭院中廊的布置较为灵活，宜"随形而弯，依势而曲"，往往通过平面形状的曲折变化增加空间层次与深远感。廊的曲折，应注意曲之有度，不可过度曲折，而显矫揉造作。一般在廊的转折处应有景可赏，引导人的视线跟随廊的转折而变化。

2. 廊立面设计

廊的立面整体上可以分为屋顶、廊身与基座三部分，如图4-24所示，其中廊身主要由廊柱构成，另外还可局部设置墙体、挂落、座凳（椅）、栏杆、漏花窗等。

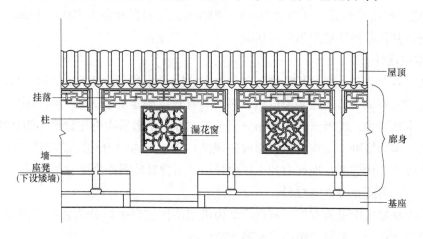

图4-24　廊立面图

廊的立面多选用开敞式造型为主，通透、灵巧。屋顶多选用卷棚顶、平顶、坡顶等，柱子有规律地排列，形成较强的韵律感，廊柱与挂落、座凳栏杆能够构成连续的框景效果。在南方庭院中，为防止雨水溅入及增加廊的稳定性常将座凳做成实体矮墙的形式。当廊设置在有地形起伏之处时，其内部还可设置台阶以适应地形高低变化，同时也能丰富廊的立面形式。另外，半廊与复廊廊身由柱子与墙体共同构成，墙中常设置各式花窗、门洞以增加空间的层次及深远感，并具有框景、透景、漏景等作用。

廊还可与亭、水榭、桥等其他园林建筑组合在一起，共同形成丰富的立面造型，如图4-25所示亭廊组合。

图4-25　亭廊组合

3. 廊体量尺寸

1）一般庭院中廊横向净宽常为 1.2～2.0m。其长度、曲直需根据其所处的环境特点来确定，一般与周边环境取得协调即可。

2）廊不宜过高，檐口下皮高度一般取 2.4～2.8m。

3）廊柱柱径一般为 150mm，柱高为 2.5～2.8m，柱距为 3m。方柱截面控制在 150mm×150mm～250mm×250mm。长方形截面，长边不大于 300mm。

4）廊内一般设置座凳，其宽度为 300～400mm，凳面高度多为 400～450mm，座凳后常设靠背栏杆，其顶部距离地面 700～800mm。

4. 廊结构设计

按廊的材料及工艺不同，其结构可以分为木结构、竹结构、混凝土结构、钢结构、砖石结构等。木结构的廊在传统庭院中运用较多，具有较为固定的模式；竹结构廊尺寸、构造、做法基本同木结构廊；混凝土结构的廊造型丰富，可不受木质构件在材料上的制约，现代欧式庭院中的廊多为混凝土结构，可预制或是现浇；钢或钢木组合构成的廊体态轻巧、灵活，机动性强；砖石结构的廊在现代庭院中较少采用，通常以砖石作为廊柱的材料，而廊顶则采用木材、钢材、混凝土等其他材料。

木结构廊在庭院中最为常见，根据廊结构类型不同主要可以分为四檩卷棚顶空廊结构、三檩坡屋顶空廊结构、单面空廊结构及檐廊结构等。

四檩卷棚顶结构园廊基本构造由下而上为：首先设置廊柱，柱头之上在进深方向支顶四架梁，梁头安装檐檩，檩与枋之间装垫板，四架梁之上安装瓜柱或柁墩支撑顶梁（月梁），顶梁上承双脊檩，脊檩之下附脊檩枋。屋面木基层钉檐椽、飞椽，顶部架钉罗锅椽，如图4-26a 所示。此外，游廊形式的园廊常常数间连成一体，为增加廊的稳定性，每隔三四间将柱子深埋地下。

三檩坡屋顶空廊结构更为简单，其基本结构为：首先设置廊柱，柱头之上在进深方向支顶三架梁，梁上安装檐檩，檩与枋之间装垫板，三架梁之上安装瓜柱支撑脊檩，脊檩之下附脊檩枋。屋面木基层钉檐椽，如图4-26b 所示。

单坡屋顶的单面空廊结构为一侧立柱，两架梁一头搭在柱头之上，一头搭在侧墙内暗埋的柱头之上，之后有两种做法，廊墙内暗埋柱子在靠近侧墙的一面的梁上放置瓜柱用以支撑脊檩，檐檩和脊檩之间搭檐椽，上铺木望板，如图4-26c 所示；另一种是取消瓜柱用复水椽联系。

另外，廊设置在主体建筑外侧还能形成檐廊的形式。檐廊通常在檐柱与老檐柱之间搭抱头梁，其下方设置穿插枋。檐檩搭在抱头梁上，其飞椽、檐椽与主体建筑上方的椽子相互连接，形成统一的整体，如图4-26d 所示。

五、庭院花架景观设计

1. 花架平面设计

花架平面布置可以呈线形，也可以呈点状。花架作长线布置时，能够引导视线、划分庭院空间，增加景观的深度。作点状布置时，就像亭子一样，构成庭院的主要景观点和赏景空间。

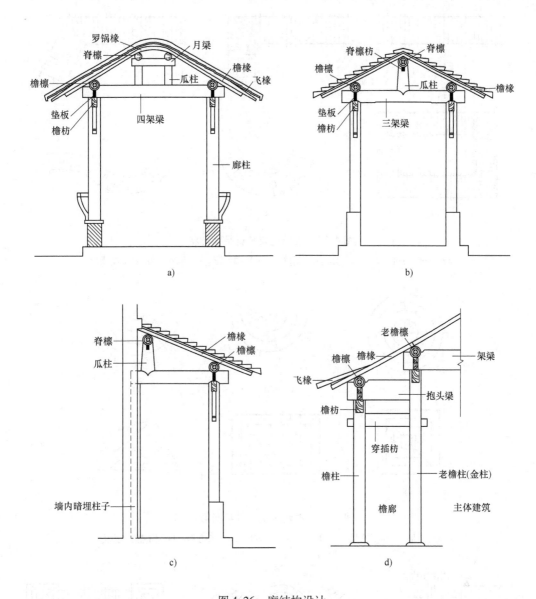

图 4-26　廊结构设计

a）四檩卷棚顶空廊结构　b）三檩坡屋顶空廊结构　c）单面空廊结构　d）檐廊结构

庭院中的线形花架平面形状主要有"一"字形、"L"形、折线形、回环形、弧线形及自由曲线形等，如图 4-27 所示，以直线形与弧线形居多。

庭院中的点状花架主要有圆形、半圆形、扇形、多边形（正方形、长方形、不规则多边形等），如图 4-28 所示。

线形花架、点状花架各自之间可以通过位置、方向、大小等变化进行组合，两者相互之间亦可以进行组合构图，如图 4-29 所示。

花架还可以与其他园林建筑小品进行组合，如亭子、景墙、花池等，形成统一的构图；或者与庭院主体建筑门厅、檐口及某些墙段等相结合，如图 4-30 所示。

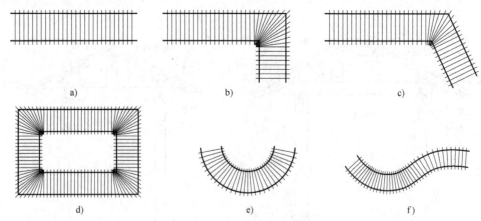

图 4-27　线形花架常见平面形状

a)"一"字形　b)"L"形　c)折线形　d)回环形　e)弧形　f)自由曲线形

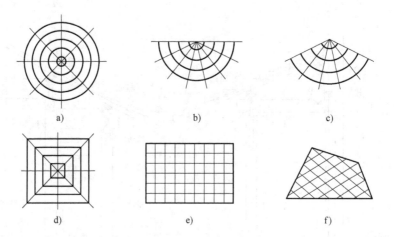

图 4-28　点状花架常见平面形状

a)圆形　b)半圆形　c)扇形　d)正方形　e)长方形　f)不规则多边形

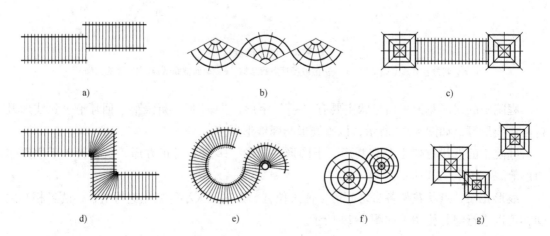

图 4-29　组合花架常见平面形状

a)错位组合　b)改变方向组合　c)点线组合　d)转折组合　e)、f)大小组合　g)不等边三角形组合

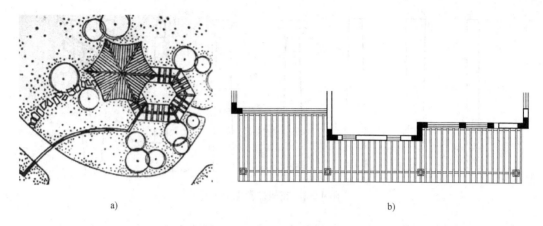

a) b)

图4-30　花架与其他建筑组合

a）花架与亭子组合　b）花架形成建筑檐口

2. 花架立面设计

花架的立面造型主要由其线条、轮廓、组合变化等方面决定，整体要求简洁、轻巧、通透，体量应适宜，与周边环境取得协调。

花架立面造型要根据其在庭院中的作用具体设计。

1）一般花架以展现植物优美姿态为主，所以花架的造型不必刻意求奇，否则反倒喧宾夺主，冲淡了花架的植物造景作用。

2）以展示本身优美的造型为主的花架，可以在线条、轮廓及色彩上做重点处理，使其形象鲜明，具有特色；当花架与庭院建筑相结合时，其风格、形式和色彩等都应和该建筑协调统一。

花架架条造型丰富多样，庭院中常见花架条的形式如图4-31所示。

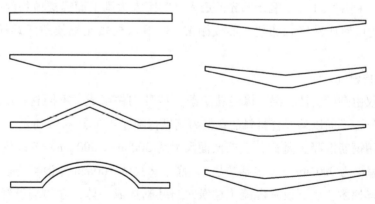

图4-31　花架条常见形式

花架柱的形式也较为多变，庭院中常见花架柱的形式如图4-32所示。

3. 花架体量尺寸

花架尺度应根据具体庭院空间尺度大小而定，大空间中的花架尺寸可以大些，小空间中的尺寸宜偏小。

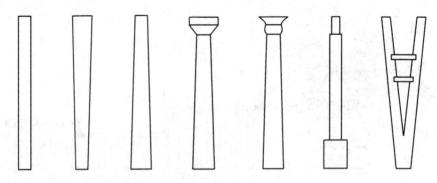

图 4-32 花架柱常见形式

庭院中花架宽度多为 2~3m，柱间距多为 3~4m，通常取 2700mm、3000mm、3300mm 等。一般廊式花架宽度要大于片式花架，另外休憩棚架尺寸往往较大，可根据需要自由变化。花架高度应根据庭院具体的环境空间尺度而定，一般控制在 2.5~2.8m，常用尺寸有 2.3m、2.5m、2.7m 等，最高不超过 3m，花架不宜太高以免失去亲切感。

花架柱子的尺寸根据材料不同有很大的差异，大小关系如下：石柱 > 砖柱 > 混凝土柱 > 木柱 > 竹柱 > 钢柱。一般混凝土柱截面尺寸多在 150mm × 150mm 或 150mm × 180mm 左右，若用圆形截面多在 160mm 左右，石柱截面多在 350mm × 350mm 左右，砖柱截面多为 240mm × 240mm。有时设计的柱截面较粗时，可化粗为细，用双柱代之，柱间可放小装饰块，加强视觉上的联系。

花架平面设计时还需考虑花架梁及顶部架条的平面尺寸，一般花架梁断面多选择 (80~100mm) × (150~200mm)，双柱式花架的纵梁收头处外挑尺寸常为 700~750mm。花架顶部的架条宽度多为 50~60mm，多以 300~400mm 间距排列，最窄不小于 200mm，最宽不大于 450mm。间距太小，不利于阳光的透入，间距太大则上面攀援植物的枝叶容易掉落。另外，花架条也可形成网格状布置，形成棚架。一般双柱式花架架条两端外挑多为 500~750mm。

4. 花架结构设计

花架一般仅由基础、柱、梁、椽（花架条）四种构件组成，不同材料的花架在构造上往往也有所差异，下面以某混合材料的花架为例进行阐述，如图 4-33 所示。

该花架采用钢筋混凝土基础，上部截面尺寸为 300mm × 300mm，下部放大为 600mm × 600mm，基础埋深为 900mm（不包括垫层），底下垫层为 100mm 厚混凝土层；花架柱采用 160mm × 160mm 原木，底下设置混凝土柱墩，与基础连成一体，在顶端设置预埋件，以固定木柱。柱墩高度为 500mm，表面采用 25mm 厚不规则黄木纹板岩贴面，形成冰梅纹效果，压顶 100mm 厚，面层采用 25mm 厚镜面棕花花岗岩，四周进行倒角处理；木柱与预埋件用直径为 10mm 的双头螺栓固定，外侧用 5mm 厚木板装饰；花架纵向连梁截面尺寸为 100mm × 200mm，下方设置一圈截面尺寸为 80mm × 150mm 的木横梁加固，木连梁与柱子间通过角钢与螺栓固定；花架条长 3000mm，截面尺寸为 70mm × 150mm，两端外挑 500mm。

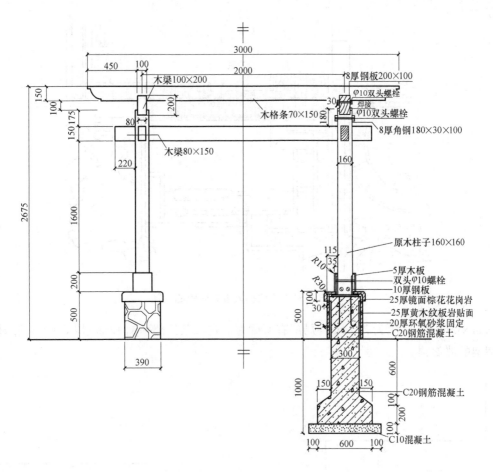

图 4-33　花架剖（立）面图

【实践操作】

一、天香庭院廊架平面设计

天香庭院整体方案中未设置景观廊架，此处结合任务实践操作做些补充设计。

庭院中的廊架可呈线形或点状布置。点状布置需一定的空间，而该庭院本身布局已非常紧凑，因此可以考虑结合建筑西侧园路及侧墙进行布置，形成一条过廊，如图 4-34 所示，相当于为该园路设置一个顶棚，即使下雨天也可在此驻足观赏。由于此处位置较为特殊，园路本身架空，需考虑廊架的承重问题，因此采用单排柱形式，一侧固定于建筑侧墙面，以减少下部负荷。

天香庭院廊架平面尺寸如图 4-35、图 4-36 所示，廊架长约 13.5m，宽度结合房屋凹凸设置，分别为 1.78m、2.38m、2.98m 等（柱中心至侧墙距离）。花架柱子截面尺寸为 200mm×200mm，柱间距为 3.15m，共设置五根柱子。柱子上方纵向木梁截面尺寸为 150mm×80mm，另一侧木梁截面尺寸为 120mm×100mm，与建筑侧边墙体固定。木格条截面尺寸为

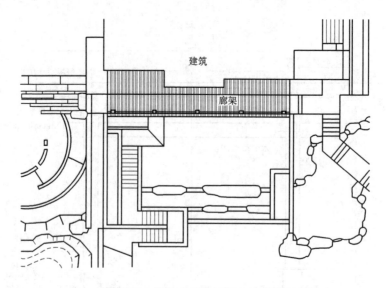

图 4-34　廊架在天香庭院中的位置

150mm×60mm，间距为 210mm，局部有所调整。在架条顶部平铺 12mm 厚 6＋6 夹胶玻璃形成廊架的玻璃顶。

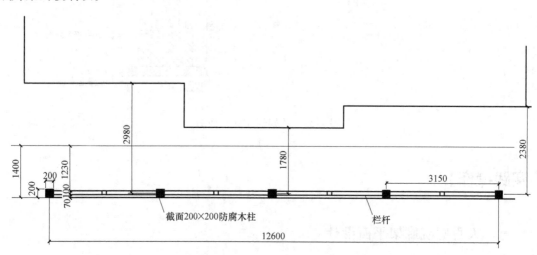

图 4-35　天香庭院廊架平面图

二、天香庭院廊架立面设计

天香庭院廊架高度为 2.45m，其立面造型较为简洁，主要考虑与原园路侧边的栏杆形成统一构图，将原有五根栏杆柱换成花架柱子，与原栏杆柱子形成间隔设置的效果，如图 4-37 所示。

三、天香庭院廊架结构设计

该廊架一侧靠墙设置，通过膨胀螺栓直接与建筑墙体固定，另一侧采用五根 200mm×

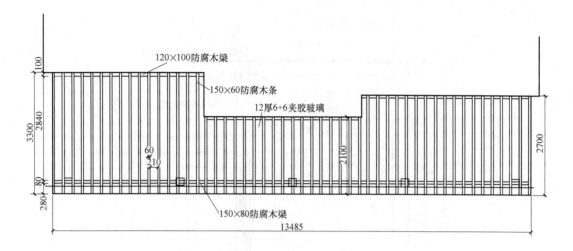

图 4-36　天香庭院廊架顶部平面图

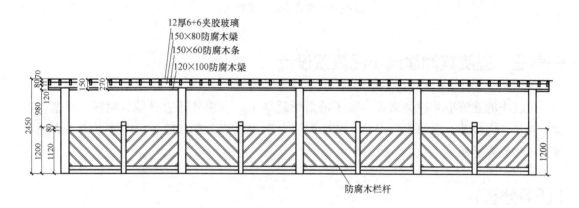

图 4-37　天香庭院廊架立面图

200mm 的防腐木柱子承重，如图 4-38 所示。靠墙一侧的花架条直接搁置在截面 120mm ×
100mm 的木梁上，通过螺栓固定；靠柱子一侧的花架条设置凹口嵌入截面为 150mm × 80mm
的木梁，嵌入深度为 80mm。

【思考与练习】

1. 庭院中常见的廊架有哪些类型？

2. 请阐述廊平面、立面、剖面的设计要点。

3. 请阐述花架平面、立面、剖面的设计要点。

4. 为前述 20 号别墅庭院设计一座廊或花架，布置于合适的位置，廊架风格应与庭院设
计风格一致，材料及构造类型不限，要求体量合适、造型美观、结构合理。

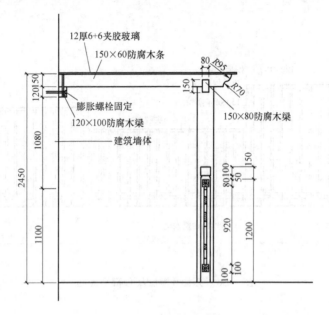

图 4-38　天香庭院廊架做法

任务三　庭院其他建筑小品景观设计

庭院中的建筑小品种类繁多，除了前面所述亭子、廊架外还有景墙、栏杆、雕塑、座凳、花池、园灯等，它们体量小巧，功能简明，造型别致，富有情趣，能够点缀与烘托环境，增加庭院意趣。

【任务分析】

本任务主要包括以下三方面内容：
1）庭院园墙、栏杆景观设计。
2）完成庭院花池景观设计。
3）完成庭院园凳（园椅、园桌）景观设计。

【工作流程】

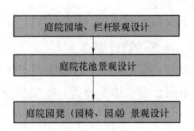

【基础知识】

一、庭院建筑小品类型

庭院中的建筑小品主要包括以下几类:

1)休憩类建筑小品,主要包括亭子、廊架、园椅、园桌、园凳、遮阳伞等。亭子、廊架不仅是良好的休憩设施,还常作为庭院局部空间的主景布置。园椅、园凳等休憩设施常结合具体环境灵活布置,如利用自然块石作为石桌凳,或是利用花坛、花台边缘的矮墙作为座凳等。

2)装饰类建筑小品,包括雕塑、景墙、艺术小品、花池、花钵、瓶饰、盆饰等,主要以美化装饰空间环境为主。

3)照明类建筑小品,主要是指庭院中的各种灯具,如庭院灯、草坪灯等,这类小品在白天通过自身优美的造型起到装饰美化的作用,夜间利用灯光营造朦胧的夜景效果,使庭院呈现另一番景致。

4)指示类建筑小品,主要指具有引导指示、说明作用的标识牌,往往也具有较好的装饰效果。

5)防护类建筑小品,主要指围墙、栏杆等安全围护设施,通常既具有实用功能又具有装饰性。

二、庭院园林建筑小品设计原则

1. 注重立意,突出特色

园林建筑小品作为庭院局部的主体景物时,除了外观形式外,还需强调其文化内涵,表达一定的意境和情趣,从而增加景物的感染力。在传统庭院中往往结合庭院周围环境和当地的人文环境特点对园林建筑进行命名,通过楹联、匾额等表现园林建筑的特色与深远的意境。

2. 满足功能,因需设置

园林建筑小品绝大多数有实用意义,如休憩、围护、引导、空间分隔、照明、装饰等,在设计时除满足美观效果外,还应符合实用功能及技术上的要求,以取得功能和景观的有机统一。

3. 造型美观,体量适宜

园林建筑小品设计要注重其造型的美观性,其形体、轮廓要有表现力,色彩、质感要有感染力,体量要适宜,或轻巧或持重,应与周边景物取得协调统一。一般庭院中的园林建筑小品布置宜灵巧,造型宜精巧,体量宜轻巧,力求与周边环境融合成一体。

三、庭院园墙、栏杆景观设计

1. 庭院园墙的类型

庭院中的园墙主要有安全防护、分割空间、屏蔽视线、引导游览、装饰美化等作用。

根据其作用的不同，主要可以分为以下三种类型，如图4-39所示。

a)

b)

c)

图4-39　庭院园墙的类型

a）围墙　b）景墙　c）挡土墙

1）围墙。围墙作为庭院的界墙，具有安全防护、围合与分隔空间、屏蔽视线等作用，可分为实体式围墙与通透式围墙。

2）景墙。景墙的主要功能是造景，往往通过丰富的造型、色彩与质感的表现、漏窗与门洞的巧妙处理，形成富有特色的景观。景墙在庭院空间的塑造上也有较大的作用，通过景墙的运用能够增加庭院空间层次、虚实、明暗的变化。

3）挡土墙。挡土墙是庭院中防止土坡坍塌、承受侧向压力的构筑物。

2. 庭院围墙设计

围墙主要设于庭院四周，一般以某一墙面为基本单元连续布置，通常每隔3～5m设置柱墩加以支撑，呈现较强的序列感与韵律美。

围墙构造一般可分为基础、墙身与压顶三部分，如图4-40所示。基础常用块石、砖及素混凝土基础；墙身高度一般不小于2.2m；墙体厚度与选用的材料及墙高有关，如砖墙厚度通常取240mm或370mm，毛石墙厚度应大于500mm；顶部压顶材料及造型需与墙体协调统一。

构筑庭院围墙的材料主要有竹木、砖石、混凝土、金属等，材质不同，其景观效果也有所不同。我国传统庭院中常用白粉墙、清水砖墙，清新、素雅；竹篱是日式庭院中不可或缺的景观要素，具有亲切、朴素的景观效果；石墙较为坚实厚重，且易获得自然、乡野的气氛；混凝土预制成片状或花格砖砌墙，坚实牢固、形式多样，但较为厚重；型钢、铸铁、铸

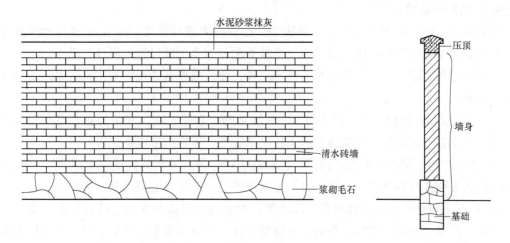

图 4-40 庭院围墙构造

铝、不锈钢等金属材料围墙，造型丰富，具有较好的通透性。现在庭院围墙设计中往往把几种材料结合起来运用，取长补短，如采用砖石作墙柱、勒脚墙，型钢为透空部分框架，铸铁为花饰构件等。

3. 庭院景墙设计

庭院景墙布置较为灵活，景墙可连续布置，也可独立设置，常设于庭院入口、园路交叉口或转折处、建筑前方、路旁、小广场中间等处，还可与山石、雕塑、水池、花坛、座凳、植物结合布置，往往能够形成"对景""障景""框景"等景观效果。

景墙造型应与庭院风格及整体环境协调一致，注意对整体比例与尺度的把握，或直或曲，或轻巧或稳重，或密实或通透，或精致或简约。庭院景墙高度一般为 1.8～2.5m，也可根据环境需要降低或升高。

传统庭院景墙上常设景窗进行装饰，形成虚实、明暗对比，景窗可以是空窗也可以是漏窗，如图 4-41 所示。空窗可以形成较好的框景效果，同时可加强空间相互渗透，增加庭院景深。空窗后面常布置山石、花木、翠竹、芭蕉等，形成较好的图画效果。漏窗本身能够以其丰富的造型增加景墙立面变化，通过漏窗的渗透使庭院景物若隐若现，从而使庭院空间虚实相生，含蓄内敛。除了景窗，景墙上还可以根据需要设置景门以引导游览、沟通空间，并形成很好的框景效果。

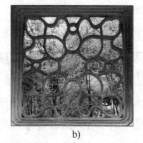

a) b)

图 4-41 空窗与漏窗
a）空窗 b）漏窗

4. 庭院挡土墙设计

在庭院建设中，由于使用功能、植物生长、景观要求等需要，往往需要对地形进行改造。当地形坡度超过容许的极限时，需在土坡外侧修建挡土墙以避免滑坡与塌方。

庭院中的挡土墙设计除了要满足工程要求外，还应强调其景观性与艺术效果，主要要注意以下几点：

1）挡土墙在形态设计上，宜小勿大、宜缓勿陡、宜低勿高、宜曲勿直。高差较大的台地，挡土墙不宜一次砌筑，以免体量过大造成笨重感，而应分多级砌筑。

2）注重对挡土墙本身造型、质感、色彩的设计，使其成为庭院的一道风景。一般低矮的挡土墙其平面线性特征较为明显，有一定高度的挡土墙还需加强其立面造型的艺术性。

3）挡土墙可结合其他园林要素共同造景，如利用地形高差将挡土墙与景墙、假山、叠水、壁画、浮雕、台阶、花坛、座椅、台阶等相结合，既丰富景观效果，又减少建设成本。

4）可以结合垂直绿化进行设计，增加挡土墙的生动性，还可形成"生态墙"效果。

根据挡土墙构造特点不同，可分为重力式、悬壁式、扶垛式、桩板式等多种构造形式，如图4-42所示。其中重力式挡土墙在庭院中运用最为广泛，主要通过墙体自重来维持土坡的稳定，多采用砖、毛石及素混凝土等材料。根据断面形式不同，又可分为直立式、倾斜式与台阶式挡土墙，如图4-43所示。另外，庭院中还常将混凝土按一定花式预制成实心或空心砌块形式，还可在其中种植花草加以点缀。

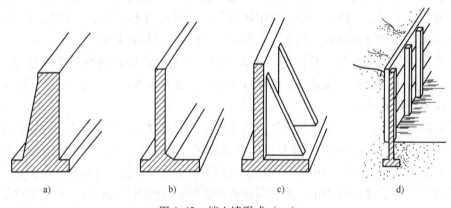

图4-42　挡土墙形式（一）

a）重力式　b）悬壁式　c）扶垛式　d）桩板式

5. 庭院栏杆景观设计

栏杆是一种长形的、连续的构筑物，可依附建筑物设置，也可独立设置。庭院中的栏杆具有安全围护、分隔空间、点缀与装饰庭院环境等作用。

（1）栏杆布置位置　栏杆的布置位置与其功能有关，一般来说，围护作用的栏杆常设于地形地貌变化较大的地方，具有危险的地段，如崖旁、水边、高台、桥两侧等。作为空间分隔的栏杆，常设置于不同区域的边缘。在花坛、草坪、树池的周边常设置装饰性栏杆，以点缀庭院环境，明确边界。庭院中栏杆设置不宜过多，能不设置的地方尽量不设，同时应把防护、分隔作用巧妙地与美化装饰作用结合起来。

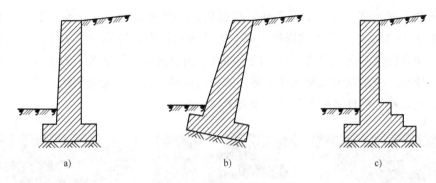

图 4-43 挡土墙形式（二）
a）直立式 b）倾斜式 c）台阶式

（2）栏杆造型设计 栏杆造型设计首先要考虑安全、适用、美观，还要注意与整体庭院景观风格及周边环境相协调，如依附于建筑物的栏杆还应与建筑物形式相统一。

栏杆有空栏和实栏两类，如图 4-44 所示。空栏主要由立杆、扶手组成，有的加设有横档或花饰；实栏由栏板、扶手构成，也有局部漏空。无论是何种形式的栏杆，一般每隔 1.5m 左右需设置立柱进行加固。

a） b）

图 4-44 栏杆形式
a）空栏 b）实栏

（3）栏杆尺寸要求 庭院中不同的栏杆其高度要求也不同，可分为低栏（0.2～0.3m）、中栏（0.6～0.8m）与高栏（0.9～1.2m）。作为围护的栏杆通常用高栏，当有特殊要求时还可按需增加栏杆高度。作为分隔与限定空间的栏杆通常用中栏，当作为装饰与明确不同区域边界时常选择低栏。栏杆还可结合座凳设置，其高度需调整为 0.4～0.45m。

（4）栏杆结构设计 庭院栏杆常用的材料很多，如砖、石、木、竹、混凝土、铸铁、不锈钢等。在选择材料时要考虑栏杆的装饰效果、强度、维护、施工等方面的要求。各种材料可单独制作，也可混合使用，如石材的柱墩、钢材的横杆等。

四、庭院花池景观设计

花池是种植花卉或灌木的小型构筑物，常用砖砌体或混凝土结构围合，花池在庭院绿化中运用极广，能够起到很好的装饰与点缀作用。

（1）庭院花池形式　花池形式多样，根据造型不同可分为独立花池、组合花池及异形花池，如图 4-45 所示。独立花池以单一的平面几何轮廓作为局部构图主体，在造型上有相对独立性。组合花池由两个或两个以上的个体花坛组合而成，形成统一的整体，往往立面上具有丰富的变化。异形花池造型比较独特，如做成树桩、花篮、船等形状。另外，花池还可与水池、休憩座凳、栏杆踏步等其他景观要素组合在一起布置。

a)　　　　　　　　　　b)　　　　　　　　　　c)

图 4-45　花池形式

a）独立花池　b）组合花池　c）异形花池

（2）花池布置位置　庭院中的花池多布置于庭院入口、园路交叉口或转折处、建筑前方或周边、小广场中间等处。花池面积可大可小，平面形式可以是规则的几何式，也可以是流畅的自然式，其立面造型丰富多变，高度多为 150~600mm。

（3）花池装饰设计　花池表面装饰材料不同，其呈现的景观效果也有很大的差异。花池表面装饰主要有砌体材料装饰、贴面材料装饰与装饰抹灰三种，如图 4-46 所示。砌体材料装饰主要是采用砖、石块、卵石等，通过选择这些材料本身的质感、颜色，以及砌块的组合变化，砌块之间的勾缝变化等，形成美的外观。贴面材料装饰主要是采用饰面砖、饰面板进行装饰，其材料种类及规格更为多样。装饰抹灰主要包括水刷石、水磨石、斩假石、干黏石、喷砂、喷涂、彩色水泥抹灰等多种方法。

（4）花池结构设计　花池结构主要分为基础、墙身与压顶三部分。下面以某庭院花池为例介绍其结构设计。如图 4-47 所示，该花池基础采用 100mm 厚 C15 混凝土，下铺 50mm 厚碎石垫层，底层素土进行夯实处理；其墙身采用 M5 水泥砂浆砌 MU7.5 标准砖；顶部采用 50mm 厚光面珍珠黑花岗岩压顶，边缘进行倒角处理。墙身与压顶采用 20mm 厚 1:2 水泥沙浆结合。另外，墙身外侧采用 10mm 厚 200mm×100mm 青色文化石饰面。

五、庭院园凳（园椅、园桌）景观设计

园凳、园椅、园桌是庭院中常见的休憩设施，其形式多样、造型丰富，可单独布置也可组合布置，或是结合花坛、水池边缘及台阶、景石、雕塑等进行布置。一般布置在有景可赏、能安静休息的地方或人们需要停留、休息的地方，如树荫下、水池边、路旁、休憩区等。

园凳设计力求美观、舒适、耐用，在造型、色彩上应注意与庭院周边环境协调。根据形式不同可以分为直线型、曲线型、多边形、组合形、仿生形等，如图 4-48 所示。园凳制作材料丰富，可选择竹木、砖石、金属、陶瓷、混凝土、塑料等多种材料。

a)　　　　　　　　　　　　　　　b)

c)

图 4-46　花池装饰设计

a）砌体材料装饰　b）贴面材料装饰　c）装饰抹灰

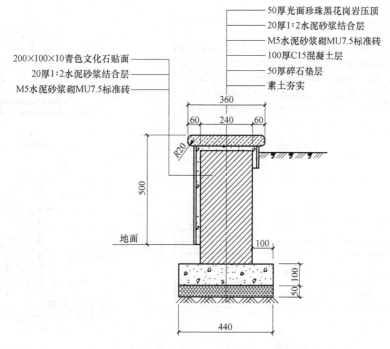

图 4-47　花池结构设计

图 4-48　园凳形式

a）直线形　b）曲线形　c）多边形　d）组合形　e）仿生形

　　园凳（园椅、园桌）尺寸需符合人们的使用要求。一般庭院园凳高度多为 350～450mm，凳面宽度为 400～450mm，独立的条凳长度多为 1200～1500mm，一般 600～700mm/人。园椅需设置靠背，一般靠背高度为 350～650mm，与凳面呈 98°～105°倾角。园凳与园桌还可组合布置，一般园桌高为 700～800mm，直径为 750～900mm，座凳面直径多为 300～400mm。

　　庭院园桌、凳构造一般较为简单，不同材料园桌、凳构造特点也各不相同，如图 4-49、图 4-50 所示。

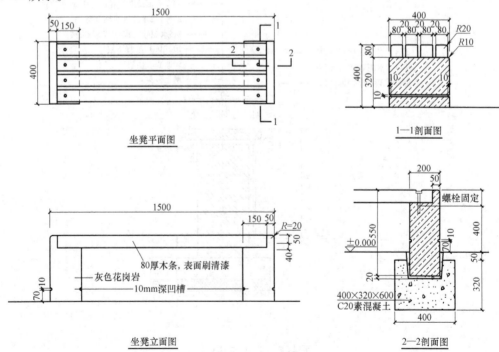

图 4-49　木坐凳设计图

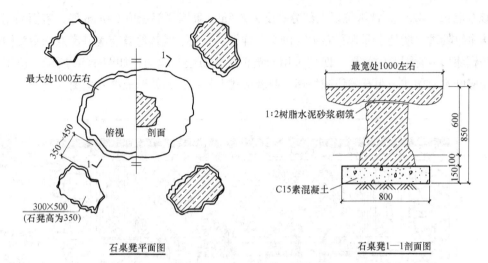

石桌凳平面图

最大处1000左右
俯视
剖面
350~450
300×500
（石凳高为350）

石桌凳1—1剖面图

最宽处1000左右
1:2树脂水泥砂浆砌筑
600
850
100
150
C15素混凝土
800

图 4-50 石桌凳设计图

【实践操作】

一、天香庭院园墙景观设计

天香庭院园墙主要包括围墙、景墙与挡土墙，原围墙景观效果与整体环境基本协调，无须改造，下面主要阐述该庭院景墙与挡土墙的景观设计。

1. 景墙景观设计

该庭院中的景墙位于建筑南入口的主轴的端点上，与四只金蟾吐水雕塑共同形成入口对景效果，如图 4-51 所示。景墙一侧为水池，一侧为土壤，也可以看作特殊形式的挡土墙。

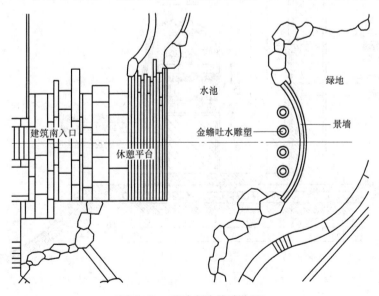

建筑南入口
休憩平台
水池
绿地
金蟾吐水雕塑
景墙

图 4-51 天香庭院景墙位置

该景墙长 7.425m，常水位以上部分高度为 2.5m。景墙顶部压顶 160mm 厚，表面采用水泥砂浆仿木纹处理。墙身中部为石雕画（画面以祥云、牡丹、蝙蝠等具有美好寓意的图案构成），外刷仿铜漆形成青铜壁的效果，四周采用米黄色文化石装饰墙面，如图 4-52 所示。位于景墙前的金蟾吐水雕塑亦采用石雕仿铜处理，两者形式上相一致，并形成统一构图。

图 4-52　天香庭院景墙立面图

该景墙结构与做法如图 4-53 所示，其基础底部与金蟾吐水雕塑基础连成一体，在素土夯实基础上铺设 100mm 厚碎石垫层及 80mm 厚混凝土层，砖基础靠土壤一侧做成大放脚

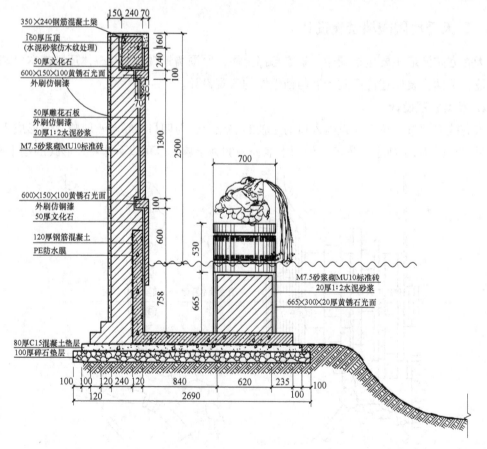

图 4-53　天香庭院景墙剖面图

以增加稳定性。墙身以砖墙为主，在水池一侧部分砖墙替换为 120mm 厚钢筋混凝土并设置防水层，墙体上下表面采用 50mm 厚文化石进行饰面处理，中间安置雕花石板拼画，并刷仿铜漆。景墙顶部设置截面为 350mm × 240mm 的钢筋混凝土梁作为压顶，其上方 160mm 处采用水泥砂浆仿木纹处理，下方 240mm 处采用 50mm 厚文化石贴面，与墙身文化石饰面形成统一的整体。

2. 挡土墙景观设计

天香庭院挡土墙采用砖与卵石堆砌，外观自然朴素。挡土墙沿庭院西侧石板路布置，总长约 30m，其高度随地形情况有所变化，分 500mm 与 800mm 两种，两者之间衔接过渡自然，如图 4-54 所示。

图 4-54 天香庭院挡土墙效果

该挡土墙结构与做法如图 4-55 所示，基础与园路基础统一构筑，采用 100mm 厚 C15 混凝土基础层，下铺 100mm 厚碎石垫层，底层素土进行夯实。墙身外侧由直径 200 ~ 300mm 的卵石浆砌而成，形成自然的装饰效果，内侧为砖砌体以减少石材用量，砖墙下方做成台阶状以增加墙体稳定性。压顶石为 100mm 厚老石板，宽度为 500mm，其顶部与地面距离为 500mm，能够作为座凳使用。

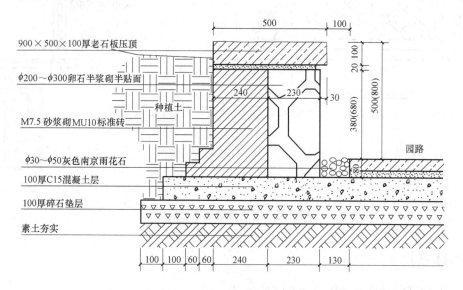

图 4-55 天香庭院挡土墙结构设计

天香庭院中的挡土墙结合了花池及座凳的作用，庭院中也未再设置独立的花坛及座凳椅，因此后面不再对这部分内容进行介绍。

二、天香庭院栏杆景观设计

天香庭院有两处地方设置了栏杆，一处为建筑西墙边的园路旁，另一处为建筑南入口前铺地周边，两者都具有安全防护作用，下面以后者为例进行阐述，如图4-56、图4-57所示。

图4-56　天香庭院木栏杆效果

该栏杆采用防腐木制作，其栏杆扶手距地面高度为0.95m，栏杆柱高为1.1m，每个标准段长度为1.5m。栏杆立柱截面尺寸为120mm×120mm，柱头尺寸为120mm×120mm×100mm，并进行倒角处理。栏杆上下设置两根横档，上部横档即扶手，其截面尺寸为80mm×80mm，下部横档截面尺寸为80mm×100mm。中间栏板为网格状，木格条截面尺寸为40mm×40mm。另外，横档与立柱间采用榫头固定；立柱与地面采用角铁与螺栓进行固定。

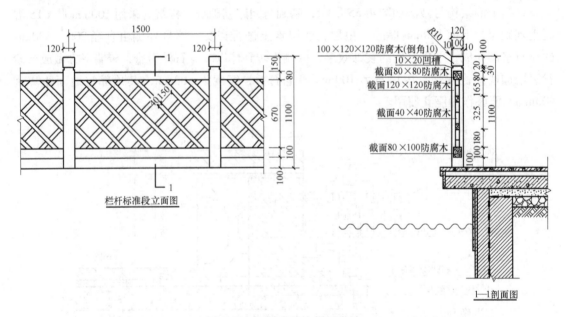

图4-57　天香庭院木栏杆设计

【思考与练习】

1. 庭院栏杆的类型及常用尺寸有哪些？

2. 阐述花池的类型及构造，表面装饰的形式。

3. 庭院座凳有哪些形式？常用尺寸有哪些？

4. 为前述20号别墅庭院设计一座景墙，布置于合适的位置，要求体量适宜、造型美观、结构合理。

庭院植物景观设计

知识要求：

1. 掌握庭院常见植物种类。

2. 掌握庭院植物空间构成及主要类型。

3. 掌握植物景观设计原则。

4. 掌握庭院乔木、灌木、草坪、地被植物、花境植物及其他植物（如水生植物、攀援植物、竹类等）景观设计要点。

技能要求：

1. 能够完成庭院乔灌木设计。

2. 能够完成庭院草坪与地被植物设计。

3. 能够完成庭院花境设计。

4. 能够完成庭院其他植物设计。

素质要求：

1. 养成良好的审美和创新思维能力。

2. 养成认真、耐心、细致的工作态度。

3. 具有爱护环境与生态环保意识。

 学习引言

植物景观是庭院中最为重要的景观，也是最有生命力的部分，通过植物春、夏、秋、冬四季的变化，能够为庭院增添无穷的魅力。庭院植物类型丰富，主要包括乔木、灌木、藤本、竹类及草本植物等不同类型。

庭院植物景观设计主要是对庭院中各类植物进行合理的配置，使其在发挥生态作用的同时能够形成赏心悦目的景观。

本项目主要包括以下四个任务：

1）庭院乔灌木景观设计。

2）庭院草坪与地被植物景观设计。

3）庭院花境景观设计。

4）庭院其他植物景观设计。

任务一　庭院乔灌木景观设计

乔木与灌木在庭院绿化中占的比重比较大，居于主导地位。乔灌木不仅自身能够形成丰富多样的景观，同时它与其他园林要素搭配在一起，能够增加庭院中其他景物的生动性与美观性。因此，乔灌木的选择与配置奠定了庭院植物景观的整体风貌。

【任务分析】

本任务主要包括以下三方面内容：

1）根据庭院具体情况确定庭院乔木与灌木的种类。

2）利用乔灌木进行庭院植物空间的营造。

3）通过乔灌木进行庭院植物景观的营造。

【工作流程】

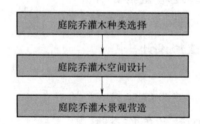

【基础知识】

一、庭院乔灌木及其作用

乔木是指树体高大，具有明显主干的木本植物，有常绿和落叶、针叶和阔叶之分。乔木树冠占据空间大，而树干占据的空间小，不影响人们在树下活动。按照乔木在成熟期的高度可以分为大乔木（20m 以上）、中乔木（11～20m）与小乔木（6～10m）。大、中型乔木在庭院中占有突出的位置与高度，往往作为主景树形成植物空间的基本骨架，如图 5-1 所示。小乔木往往成丛或成群地种植在一起作为庭院景观的背景或是庭院外围的视觉屏障。

灌木是指树体矮小，没有明显的主干，或呈丛生状态的木本植物，有常绿和落叶之分。灌木树冠虽然占据空间不大，但对人的活动影响较大，因此灌木往往被利用来划分和限定空间。灌木根据高度不同可分为高灌木（2～5m）、中灌木（1～2m）、小灌木（0.3～1m）。

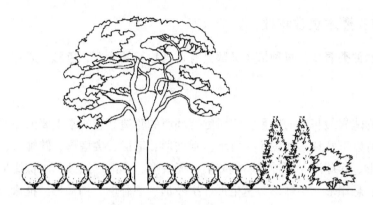

图 5-1 大乔木形成植物空间主景

高灌木可以作为构图焦点，形成局部空间主景，一般更多地用于作为建筑小品或植物景观的背景，如图 5-2 所示。中灌木在庭院中主要是围合空间或作为高大灌木及小乔木与矮小灌木之间的视线过渡。同时，高灌木与中灌木可以阻挡视线，控制空间私密性。小灌木则能够不遮挡视线而分隔或限制空间，形成开敞的空间效果。

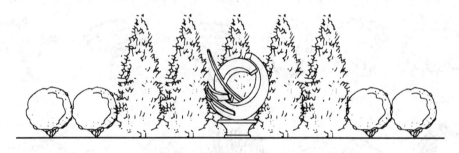

图 5-2 高灌木形成雕塑背景

二、庭院常见乔灌木种类

1）落叶乔木：银杏、白玉兰、二乔玉兰、枫香、三角枫、柿树、合欢、垂柳、槐树、无患子、梧桐、乌桕、马褂木、栾树、水杉、白蜡、悬铃木、朴树、榆树、喜树、重阳木、榉树、金钱松、水杉、池杉、落羽杉、龙爪槐、垂丝海棠、西府海棠、樱花、桃花、红枫、鸡爪槭、紫薇、紫叶李、石榴、梅花等。

2）常绿乔木：香樟、女贞、广玉兰、雪松、黑松、白皮松、湿地松、冷杉、龙柏、枇杷、乐昌含笑、深山含笑、罗汉松、五针松、苏铁、桂花、香泡、杨梅、杜英、石楠、棕榈等。

3）落叶灌木：蜡梅、紫荆、木芙蓉、木槿、紫玉兰、紫叶小檗、贴梗海棠、火棘、棣棠、牡丹、丁香、月季、八仙花、绣线菊、结香、迎春花等。

4）常绿灌木：茶花、茶梅、栀子花、构骨、珊瑚树、十大功劳、海桐、含笑、杜鹃、红花檵木、金边六月雪、小叶女贞、大叶黄杨、雀舌黄杨、瓜子黄杨、洒金珊瑚、南天竹、八角金盘、金丝桃、龟甲冬青、胡颓子、云南黄素馨等。

三、庭院乔灌木观赏特性

庭院乔灌木种类繁多，每种植物又都具有自己独特的形态、色彩、质感、风韵、芳香等美学特性。

1. 形态

形态是植物造景最基本的要素，它对庭院环境的营造起着非常重要的作用。庭院中的乔灌木树形主要有以下几种，如图5-3所示：圆柱形、笔形、尖塔形、圆锥形、卵圆形、广卵形、钟形、球形、扁球形、倒钟形、倒卵形、馒头形、伞形、风致形、棕榈形、芭蕉形、垂枝形、龙枝形、悬崖形、半球形、丛生形、拱枝形、偃卧形、匍匐形、扯旗形。

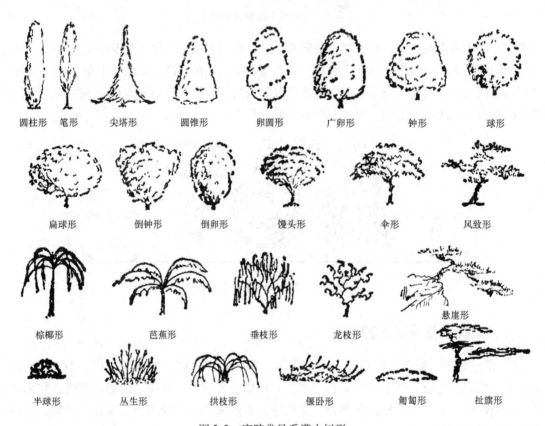

圆柱形　笔形　尖塔形　圆锥形　卵圆形　广卵形　钟形　球形

扁球形　倒钟形　倒卵形　馒头形　伞形　风致形

棕榈形　芭蕉形　垂枝形　龙枝形　悬崖形

半球形　丛生形　拱枝形　偃卧形　匍匐形　扯旗形

图5-3　庭院常见乔灌木树形

2. 色彩

色彩具有较强的感染力，具有冷暖、轻重、远近等不同的视觉感受，能够赋予庭院空间鲜明的特征。植物色彩往往通过叶、花、果以及树皮等来呈现，其中乔灌木的叶色与花色是组成庭院植物色彩最基本的要素。

根据叶色特点不同，乔灌木可分为绿色叶类、春色叶类、秋色叶类、常色叶类、双色叶类等。如雪松、香樟、桂花等植物四季常绿；银杏、鹅掌楸、栾树、鸡爪槭、南天竹等植物在秋季能够呈现丰富的色彩变化；而红枫、紫叶李、紫叶小檗、金边黄杨、洒金珊瑚等植物常年均呈现某种或两种特定的颜色。

乔灌木花色变化也极为丰富，常见的有红色、黄色、蓝（紫）色、白色等。如红色系的海棠、石榴、紫荆、合欢等；黄色系的迎春、金钟、蜡梅、金丝桃等；蓝（紫）色系的泡桐、紫丁香、八仙花等；白色系的白玉兰、广玉兰、栀子花、梨花等。有些植物品种不同，其花色差异也较大，如常见梅花颜色有白色、粉红、深红、淡绿及复色等。另外，根据开花季节不同又可分为春花类、夏花类、秋花类、冬花类植物。

因此根据乔灌木叶色与花色的特点合理搭配，能够创造丰富多样的庭院色彩，使其呈现明显的季相变化。

3. 质感

植物的质感是指植物表面质地的粗细程度在视觉上的直观感受。它可以用粗糙和细腻、毛糙和光滑、重和轻、厚和薄等来描述。

植物质感大致可分为粗质型、中质型及细质型三类。粗质型植物一般具有较大的叶片、粗壮的枝干以及松散的树形，给人以质朴、厚重、粗犷的感觉，如广玉兰、八角金盘等；细质型植物叶片细小，枝条细柔，树冠密集而紧凑，给人以精致、高雅、细腻之感，如榉树、鸡爪槭、珍珠梅等；中质型植物具有中等大小叶片，枝干以及具有适中的树型，给人以温和、软弱、平静的感觉，通常多数植物属于此类型。

在各种植物类型中，粗质型植物最为显眼，具有前进感，能够拉近空间距离。细质型植物刚好相反，具有后退感，能够扩大空间，两者搭配在一起具有强烈的对比效果。中质型植物在两者之间能够起到过渡和调和作用。

四、庭院乔灌木配置方式

庭院中乔灌木配置方式主要有孤植、对植、列植、丛植、群植及篱植等，如图5-4所示。

（1）孤植　孤植是指孤立配置的方式，主要突出树木的个体美，以乔木为主。在特定的条件下，也可以是两三株同种乔木或灌木，紧密栽植，组成一个单元，远看与单株栽植的效果相同。

孤植树在庭院中的比例不大，但却相当重要，它能够形成庭院开阔空间的主景，形成良好的遮阴效果。孤植树在外观选择上要树形挺拔、枝叶繁茂、生长健壮，具有较高观赏价值的树木。孤植树在庭院中的布置位置选择一方面要满足其生长需要，保证树冠有足够的生长空间，往往种植在草坪、水池等旁边；另一方面也要考虑观赏的需要，要有比较合适的观赏视距和观赏点，周边不要有其他景物遮挡视线。除了从观赏方面进行选择外，还要考虑植物生长习性，以乡土树种为主。

（2）对植　对植是指用两株树或是两丛树按照一定的轴线关系作相互对称或均衡的种植方式。对植植物在庭院中通常作为配景使用，位于建筑、园路等入口两侧。在规则式庭院中一般采用同一树种、同一规格、树冠整齐的树木以主体景物的中轴线作对称布置。在自然式庭院中的对植往往是不对称的，种类相同但大小、姿态不同的两株乔木或灌木，以主体景物中轴线为支点左右均衡布置，动势集中于中轴线处。对植树木的选择要求不太严格，只要树形整齐美观即可，在体量、姿态、色彩等方面与主景和环境协调一致。

图 5-4　庭院乔灌木配置方式

a）孤植　b）对植　c）列植　d）丛植　e）群植　f）篱植

（3）列植　列植是指将乔灌木按一定的株行距成排的种植，或在行内株距有变化地种植。列植是规则式庭院最基本的种植形式，可以形成整齐、均一的视觉效果。列植植物宜选用树冠体形比较整齐的树种，如圆形、卵圆形、倒卵形、塔形、圆柱形等，而不选枝叶稀疏、树冠不整齐的树种。两行以上的列植，可以采用正方形整齐排列或三角形交错排列的种植形式，乔木株行距一般采用 3～8m，灌木为 1～5m。列植与园路配合，可起夹景作用，达到突出主景的效果。

（4）丛植　丛植是指由二三株至十几株树木组合栽植在一起的种植形式。丛植可以是单一的乔木或灌木形成单纯的树丛，也可以是两种以上的乔灌木搭配种植，还可与花卉、山石相结合配置。

丛植是庭院绿化重点布置的种植类型，丛植可以形成较强的整体感，反映树木群体美，可以作为主景，也可以作为配景。位于庭院入口、园路转弯处的树丛还可起到引景的作用。丛植的单一树丛通常选择庇荫、树姿、色彩、芳香等方面较突出的植物。

丛植乔灌木在选择时则要注意合理搭配，阳性与阴性、速生与慢生、乔木与灌木、常绿与落叶有机的组合，以提高景观的稳定性。丛植的观花乔灌木可以是同一花期的，形成花团锦簇的效果，也可以是不同花期的，使四季有花可观。树丛在布置时要注意疏密有致，在平面上则反映为不等边三角形的构图形式，如图 5-5 所示。另外，丛植的植物要注意成年树的间距控制，一般阔叶小乔木 3~8m；阔叶大乔木 5~15m；针叶小乔木 1~5m；针叶大乔木7~18m；一般灌木0.5~5m。

（5）群植　群植是指十几株至二三十株或者更多的树木配置在一起的种植形式。树群可由单一乔木或灌木形成单纯树群，也可以是多种植物搭配形成混交树群。

树群由于株数较多，占地较大，一般用于面积较大的庭院，常形成庭院景观的背景。混交树群在搭配时要注意层次，如最高的树木选用树冠的姿态优美的大中乔木，形成富有变化的天际线；小乔木层选用观花或色叶树为主，形成树群季相与色

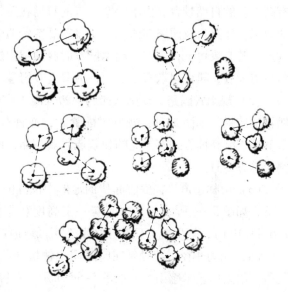

图 5-5　丛植平面构图形式

相上的变化；灌木则结合乔木配置情况，常绿与落叶搭配起来。同于树群植物较多，因此在布置时还应符合生态要求，如东、南、西三面主要布置阳性树木，北面和乔木的下方主要布置阴生或半阴生植物。树群布置时与树丛一样要注意疏密有致，构成不等边三角形，忌成行、成排种植。

（6）篱植　篱植是指灌木或小乔木以近距离的株行距密植，形成绿篱或绿墙的种植形式。

篱植按高度可分为四种类型：①绿墙，160cm 以上，能够阻挡人视线，形成屏障；②高绿篱，120~160cm 之间，视线能通过，但人不能跨越，通常用于分隔空间或是作为庭院中花坛、花境、雕塑、喷泉及其他园林小品的背景；③中绿篱，50~120cm 之间，有很好的防护作用，多用于种植区的围护及建筑基础种植；④矮绿篱，50cm 以下，在庭院中常用于花境镶边、植物色块、模纹花坛图案等。

另外，根据观赏及防护特点，庭院中的绿篱还可分常绿绿篱、花篱、果篱、彩叶篱、枝篱、刺篱等。

庭院中的绿篱植物一般选择枝叶浓密、耐修剪、生长偏慢、抗逆性强的植物。

五、庭院乔灌木配置要点

1. 园路周边乔灌木配置

乔灌木布置于园路周边不但能够形成优美的沿路景观，提供荫蔽的环境，还能引导与限

制人们的视线，使园路的引导功能更为完善。庭院中园路一般宽度不大，但形式多样，需结合不同园路的特点配置乔灌木。

（1）自然式园路　一般来讲，自然流畅的曲线园路周边乔灌木配置宜自然多变，使人们在行走过程中欣赏到一幅幅动态画卷，达到步移景异的效果，如图 5-6a 所示。为创造自然园路轻松、活泼的气氛，可以将乔灌木与地被、花境、山石等结合配置，形成有高有低、有疏有密的自然景致。由于路窄，有的只需在路的一旁种植乔灌木，就可达到既遮阴又赏花的效果。在路口及园路转弯处，应设置观赏价值较高的植物形成对景，引导游览。路边无论远近，若有景可赏，则在乔灌木配置时必须留出透景线。在庭院幽深处可以通过乡土植物材料自然配置，再配以散置山石，形成具有乡野趣味的小路。

（2）规则式园路　规则式园路周边乔灌木宜规则布置，还可进行人工整形，形成简洁、明快的效果，如图 5-6b。规则式配置时，亦宜有二至三种乔木或灌木相间搭配，形成起伏节奏感。园路前方如有漂亮的建筑或景观小品，两旁植物可密植，使园路成为一条甬道，以突出前方主景。

（3）山林小道　在庭院起伏的地形中设置的小路旁布置乔灌木要注意"山林"意境的营造，如图 5-6c 所示。乔木要有一定高度和厚度，以便有高耸之感，路宽与树高之比在 1:6 ~ 1:10 时，效果较为显著。树下选用低矮地被，少用灌木，有利于形成山林之感。

（4）花间小径　花径是在园路周边种植观花植物，以花的姿态和色彩创造一种浓郁的气氛，给人以艺术感染力，如图 5-6d 所示。花径多选择开花丰满、花形美丽、花色鲜艳或

a)   b)

c)   d)

图 5-6　园路周边乔灌木配置
a）自然式园路　b）规则式园路　c）山林小道　d）花间小径

有香味、花期较长的乔灌木，如玉兰、樱花、桃花、梨花、蜡梅、梅花等。花径布置时株距宜小，以给人以"漫步花丛"的感觉。采用花灌木时，应注意背景树的配置。

园路周边除了乔灌木形成的主景，往往还可以布置成竹林小径、路边花境等其他形式。

2. 水体周边乔灌木配置

水是构成庭院景观的重要元素。在我国传统庭院中几乎是"无园不水"，因此在庭院设计中要处理好水体沿岸乔灌木与水景的关系，使庭院水体更具魅力。

（1）水边乔灌木选择与配置要点　水体沿岸乔灌木一般选择耐水喜湿、姿态优美、色泽鲜明树种，或构成主景，或形成庭院水体的背景，丰富庭院水体空间与色彩，并形成虚幻、美丽的倒影。

水边乔灌木布置要注重构图艺术，如我国传统庭院讲究诗情画意，水边常种植垂柳、迎春等具有细长柔和的枝条的植物，以形成柔条拂水的效果。水边植物配植通常以自然式为主，乔灌木与水边的距离一般要求有远有近、有疏有密、有断有续配置，避免沿水岸进行单调呆板的等距栽植。另外在构图上，可利用探向水面的枝、干，以起到增加水面层次和富有野趣的作用。

（2）乔灌木色彩与季相设计　滨水乔灌木色彩设计要合理地运用冷色与暖色，如开敞、热闹的水体周边可布置暖色系的乔灌木点缀与烘托；若是幽静的水体则不宜种植五颜六色的花灌木，应以常绿植物及冷色系为主，给人以宁静的感觉，如图5-7所示。另外，要注意前景与背景的处理，合理搭配深色与浅色植物，增加水景空间的层次感。

a) 　　　　　　　　　　　　　　　　　　b)

图 5-7　水池周边乔灌木色彩配置
a）红色形成热闹的氛围　b）绿色形成宁静的氛围

滨水乔灌木在色彩设计时还应结合季相设计，如春季嫩绿色枝叶的落羽松、红棕色嫩叶的香椿；夏季满树粉红色花丝的合欢、黄花如伞覆盖的栾树；秋季有秋色叶的池杉、水杉、落羽杉、枫香、三角枫、梧桐、乌桕等；冬季欣赏到苍劲枝干的白皮松、黑松等，这些植物在形成较好的色彩效果同时也会使滨水景观形成季相上的变化。

（3）林冠线与透景线设计　林冠线即树冠与天空的交际线，也是植物群落的立面轮廓线，主要影响到景观的立面效果和空间感。

在植物设计时一方面可以通过选择不同树形的乔灌木如塔形、柱形、球形、垂枝形等，形成线形上的起伏变化，使林冠线产生强烈的节奏感，如高耸向上的水杉、落羽杉等刚劲有力能够与香樟等球形树冠形成刚柔对比；另一方面通过不同高度的乔灌木合理搭配，形成高低起伏的林冠线，如图 5-8 所示，某酒店庭院中滨水植物形成自然起伏的林冠线，层次丰富，自然流畅。

水边植物在配置时还应注意留出透景线，利用树干、树冠框以对岸景点，如图 5-9 所示，在植物中间适当位置开辟透景线以观赏庭院建筑，并形成一定的框景效果。

图 5-8　滨水乔灌木形成的林冠线　　　　图 5-9　滨水乔灌木形成的透景线

3. 假山周边乔灌木配置要点

（1）人工土山周边乔灌木配置　庭院中的人工土山一般并不高大，应注意山顶、山坡、山麓等处乔灌木的选择与合理搭配，以加强地形的起伏变化与空间感。山顶一般宜种植高耸的植物，突出山体高度及造型。山顶如筑有亭及休憩平台等休憩设施，其周围可配置观花乔灌木及色叶树烘托景物，并形成坐观之近景。山坡植物一般不宜太高，山麓多采用低矮的小灌木为主，形成山体与平地的自然过渡。人工土山乔灌木的配置应强调山体的整体性及成片效果，如配以色叶林、花木林、常绿林，或是混交林等。

（2）人工石山周边乔灌木配置　人工石山周边乔灌木的配置可利用植物的造型、色彩等特色衬托山的姿态、质感、气势与神韵。在配置上需根据山石的特征和周边环境情况，精心选择植物的种类、形态、高低、大小以及不同植物之间的搭配关系，使植物与山石相得益彰。一般假山上的植物多配植在半山腰或山脚，配植在半山腰的植株体量宜小，盘曲苍劲，配植在山脚的则相对要高大一些，枝干粗直或横卧。用以布置石山的植物必须根据土层厚度、土壤水分、向阳背阴等条件来加以选择，方能获得预期的效果。

4. 建筑周边乔灌木配置要点

庭院植物与建筑的配植是自然美与人工美的结合，植物柔美的线条、优美的姿态及风韵能增添建筑的美感，使之产生出一种生动活泼而具有季节变化的感染力。

庭院建筑周边乔灌木配置主要应注意以下几方面：

（1）通过乔灌木深化建筑主题　在庭院建筑周边布置乔灌木首先要考虑建筑的性质与所表现的主题，可以通过植物造景来表现其内涵，如图 5-10a 所示，苏州拙政园"嘉实亭"周边遍植枇杷。

（2）通过乔灌木增添建筑美感　建筑线条一般多平直、生硬，通过乔灌木自然柔美的线条加以柔化，能够达到"刚柔相济"的效果，如图 5-10b 所示，苏州博物馆植物与建筑的刚柔对比。通过乔灌木可形成建筑的前景、添景及背景等，以增加景深，使层次更为丰富。乔灌木的色彩与建筑色彩合理搭配，还能增加整个环境的感染力。另外，其季相变化能使建筑物在春、夏、秋、冬四季产生不同的景观效果，从而使凝固的建筑显得生动活泼。

（3）通过乔灌木完善建筑功能　建筑的功能可以通过植物加以强化和引导，如图 5-10c 所示，休闲亭旁边种植大乔木，提供遮阴环境，使该处的休憩功能更为完善。在建筑空间中，乔灌木还可以用来完善建筑或是围墙构成的空间范围，起围合与连接的作用。

（4）通过乔灌木协调建筑与环境关系　庭院中的建筑因造型、尺度、色彩等原因与周围环境不相衬时，可用乔灌木来缓和或清除各种矛盾。如图 5-10d 所示，该处别墅建筑烟囱造型与整体外观不相协调，车库卷帘门又显得过大，通过乔灌木进行适当遮挡使其得以缓解。

图 5-10　建筑周边乔灌木配置

a）深化建筑主题　b）增添建筑美感　c）完善建筑功能　d）协调建筑与环境关系

六、庭院植物空间

1. 庭院植物空间构成

植物在庭院中除了观赏外，与山水、道路、建筑等园林要素一样，具有构筑空间、分隔空间、引导空间变化的作用。庭院植物空间主要由"基面""垂直面"与"顶面"构成。在庭院中，通过这三个要素的组合与变化，能够形成多样的植物空间。

（1）基面　基面在植物空间中形成了最基本的空间范围的界定与边界的暗示，主要由草坪、地被、花卉、矮灌木等低矮的植物构成。

（2）垂直面　垂直面能够形成明确的空间范围和强烈的空间围合感，它是形成植物空间最重要的部分，庭院中的垂直面主要由乔灌木构成。垂直面的开合情况对植物空间的封闭性有较大影响，一般来说围合的植物越高大、枝叶越密集、株距越近，空间越封闭，反之越开朗。同时，垂直面的开合还能引导视线，使空间具有方向性。

（3）顶面　在顶面上，植物枝叶犹如室外空间的天花板，限制了伸向天空的视线，并影响垂直面上的尺度。庭院植物空间的顶面往往由大乔木的树冠，或是棚架上的攀援植物所形成。顶面的特征与枝叶密度、分枝点高度以及种植形式等密切相关，如树木树冠相互覆盖、遮蔽阳光，其顶面的封闭感较强，反之则较弱。

2. 庭院植物空间类型

庭院植物所形成的空间类型主要有：开敞空间、半开敞空间、覆盖空间、封闭空间及垂直空间等，它们给人带来不同的空间体验。

（1）开敞空间　开敞空间是指在一定区域范围内人的视线高于四周景物的空间。庭院中的开敞空间常作为人们健身活动与休闲娱乐的场所。多采用低矮的灌木、地被植物、草本花卉、草坪等进行开敞空间的营造，除了低矮的植物以外，有几株高大乔木点植于开阔草坪上，并不阻碍人们的视线，也属于开敞空间。但是在庭院中，由于尺度较小，视距较短，四周的围墙和建筑往往高于视线，即使是以草坪为主的配置形式也不能形成真正的开敞空间。

（2）半开敞空间　半开敞空间就是指在一定区域范围内，四周围不全开敞，部分视角受植物遮挡。由于庭院一方面需要有隐蔽性，另一方面又有景观需要，因此半开敞空间是庭院中最为主要的植物空间类型。这种空间能够抑制人们的视线，从而引导空间的方向，其方向性指向封闭较差的开敞面。

（3）覆盖空间　覆盖空间是指利用具有浓密树冠的遮阴树，构成一顶部覆盖，而四面开敞的空间。高大的乔木是形成覆盖空间的良好材料，尤其是落叶乔木，夏天能够形成良好的遮阴环境，冬天又比较温暖、明亮，不影响采光。此外，攀援植物利用花架、拱门、木廊等攀附在其上生长，也能够构成有效的覆盖空间。覆盖空间能够为庭院提供很好的林荫活动空间和休息区域。

（4）封闭空间　封闭空间是指顶部被植物覆盖、四周被植物所围合的植物空间，具有较强的私密性和隔离感。封闭空间中人的视距缩短，视线受到制约，近景的感染力加强，这也是庭园的植物配置较多采用的空间类型。封闭空间会给人带来亲切感和宁静感，但过于封闭的空间也会给人带来一定的压抑感。

（5）垂直空间　用植物封闭垂直面，开敞顶平面，就形成了垂直空间。分枝点较低、树冠紧凑的中小乔木形成的树列，修剪整齐的高树篱都可以构成垂直空间。垂直空间两侧几乎完全封闭，视线的上部和前方较开敞，可以形成"夹景"效果，突出轴线顶端的景观，同时起到引导作用。

七、庭院植物景观设计原则

1. 科学性原则

（1）因地制宜　庭院植物设计首先要保证所设计的植物能够适应庭院环境，健壮生长。因此，要根据庭院所在地的气候、光照、土壤、水分等各种立地条件来选择合适的植物，尽量以乡土植物为主。

（2）植物搭配合理　庭院植物种类丰富，在植物搭配时不但要考虑景观上的配置效果，还要注意植物搭配的科学性，如常绿乔木下会形成较为庇荫的环境，搭配其他植物宜选择喜阴植物。另外，有些植物配置在一起会有促进生长作用，而有些植物却是一种相克关系，如桧柏与梨、海棠不宜种植在一起，以免后者患上锈病，导致落叶和落果。

（3）种植密度适中　植物种植密度大小直接影响植物景观和生态功能的发挥。种植密度太小，植物种植过密，不利于植物个体生长；种植密度太大，过于疏朗，则不利于庭院景观的营造。同时，要注意庭院植物在整体布置上的疏密变化，做到疏密有致。

2. 艺术性原则

（1）符合审美要求　庭院中植物的配置不是绿色植物的简单堆积，而是在审美基础上的艺术配置。在植物配置时，应遵循变化与统一、对称与均衡、对比与调和、节奏与韵律、比例与尺度等基本美学原则，根据各种植物材料的观赏特性和造景功能，创造丰富多样的庭院植物美景。

（2）体现意境美　意境是中国文学和绘画艺术的重要表现形式，也是庭院景观营造的一个重要方面。通过植物特有的形、色、香、声、韵之美，以及人们所赋予各种植物不同的性格与品质，让人感受到诗情画意的美感，营造情景交融的意境。

【实践操作】

一、天香庭院乔灌木种类选择

1. 庭院风格与乔灌木的选择

不同风格的庭院，在植物的选择上有各自的特点：

中式风格庭院在植物种类选择上追求质朴、清逸的感觉。一方面，在形、色、香方面要满足观赏要求；另一方面，对植物的人文内涵也提出一定要求，以营造特定的意境。传统中式庭院中喜欢种植玉兰、海棠、迎春、牡丹、桂花，分别代表"玉、棠、春、富、贵"，又如松、竹、梅可形成"岁寒三友"的配置形式。

日式风格庭院中的乔灌木多用常绿树，形成稳定的绿色基调，如日本黑松、罗汉松、花柏、柳杉、红豆杉、榧树等，再配以少量色叶树或观花植物以形成对比与变化，打破庭院的枯燥感，如日本鸡爪槭、樱花及杜鹃等。

在欧式庭院中不同国家也有不同的偏好。欧式庭院植物整体上强调整形修剪，因此在选择时常采用枝叶繁茂、耐修剪的常绿乔灌木为主，如欧洲紫杉、塔柏、侧柏、黄杨、石楠等。

天香庭院采用的乔灌木主要有下列几种：香樟、银杏、黑松、沙朴、桂花、红枫、樱花、红梅、鸡爪槭、龙爪槐、羽毛枫、榆树（树桩）、紫荆、垂丝海棠、紫薇、杨梅、茶梅、瓜子黄杨、龟甲冬青、紫鹃、红花檵木、金边胡颓子、红豆杉、珊瑚树等。

以上所选用的乔灌木大部分为传统中式庭院中运用较多的植物，能够较好地表现该庭院的风格与特色。

2. 庭院用地情况与乔灌木的选择

庭院环境受到建筑物及其构筑样式的影响较大，如庭院建筑及围墙会使庭院有较大的荫蔽面积，庭院土壤条件一般不太理想，庭院内埋设的管道较多，这些制约着乔灌木的选择。

一方面，乔灌木选择应考虑用地范围内的温度、水分、光照、土壤、空气等因子，结合植物的生长习性与要求合理选择。一般建筑物南面阳光充足，以喜阳植物为主；建筑物北面易形成荫蔽区域，冬季风大、寒冷，多考虑喜阴植物；建筑物西面夏季西晒阳光强烈，宜采用喜光、耐燥热、不怕日灼的植物。

另一方面，乔灌木选择还受到庭院面积的制约。一般庭院面积大可适当种植几株高大乔木，使庭院显得绿意盎然；庭院面积小则应以灌木为主，适当配置小乔木，如果种植过于高大乔木则会使庭院显得局促，并影响采光。

天香庭院乔灌木的选择充分考虑了用地条件因素，所选用的植物基本为乡土植物。另外天香庭院周边青山绿水，郁郁葱葱，因此在植物选择上还较多运用观花植物与色叶植物，以增加庭院色彩的变化。

3. 庭院景观整体布局与乔灌木的选择

在项目一完成天香庭院景观整体布局设计时，已基本确定了基调、主调与配调植物。如采用桂花等常绿植物为基调，使庭院绿意盎然；以银杏、梅花等落叶树及造型黑松形成不同空间的主调；以灌木球作为配调，丰富植物景观层次。在乔灌木选择时，要符合前面所确定的整体植物景观框架。另外，其他造景要素的整体布局对乔灌木的选择也有一定影响，因此需综合考虑。

4. 业主在乔灌木选择上的特殊要求

不同的业主在植物上往往有不同的偏好，如有些业主喜欢在家里种些果树，有些喜欢家里多种些会开花的植物，有些则会要求植物要好养护一些的，有些可能会特别钟爱某种植物。因此，在乔灌木选择时要了解业主在这方面有没有特殊要求。天香庭院业主比较喜欢造型植物，因此庭院中配置了较多造型黑松、树桩盆景、修剪成形的灌木球等。

二、天香庭院乔灌木空间设计

乔灌木构成庭院空间的垂直面与顶面，在庭院植物空间形成中起着主导作用，因此，在植物空间设计时往往以乔木与灌木为核心，再结合其他植物进行统筹考虑。

天香庭院植物空间以半开敞空间为主，局部形成封闭空间的效果，如图5-11所示。这些空间并不是独立的，而是通过植物间的分隔与联系，合理地串联在一起，形成统一整体。该庭院中还特别注重通过乔灌木进行庭院空间的渗透处理，如图5-12所示。

庭院乔灌木空间设计还包括对植物空间形态、色彩、质感进行合理的设计。

植物空间形态与所种植的乔灌木树形、组合方式、种植密度等有很大的关系。天香庭院主要通过树形优美的乔灌木，自然的配置方式，形成自然、内敛的效果。除了植物本身形态上的选择外，该庭院在空间形态设计时还特别注意植物边界线的处理，使空间形态凹凸有致、自然流畅。

空间色彩设计要从整体色彩效果出发，明确主次，使乔灌木色彩与周边环境色彩相互协

a)　　　　　　　　　　　　　b)

图 5-11　天香庭院植物空间主要类型

a）半开敞空间　b）封闭空间

a)　　　　　　　　　　　　　b)

图 5-12　天香庭院植物空间渗透处理

a）庭院内部空间渗透　b）庭院内外空间渗透

调。天香庭院主要以绿色为基调，与周边环境融为一体，在此基础上，配置一定的观花植物与色叶植物进行点缀。如春季以红梅、樱花、杜鹃、垂丝海棠、紫荆等观花植物色彩作为点缀色；秋季以银杏、鸡爪槭等叶色作为点缀色；其他季节主要通过红花檵木、金边胡颓子等常色叶植物色彩作为点缀色。

空间质感设计要明确不同植物的质感类型，合理进行质感的搭配处理。单纯的质感可以使植物空间统一，而多样的质感可以使植物空间具有丰富的变化，但处理不当也容易出现杂乱无章的现象。天香庭院乔灌木质感类型丰富，设计时将粗、中、细三种不同质感类型的乔灌木进行均衡搭配，如庭院东侧局部将粗质型的杨梅、中质型的樱花、桂花及细质型的龟甲冬青球配置在一起，形成质感上的对比与变化。

三、天香庭院乔灌木景观营造

1. 庭院乔灌木配置

乔木及灌木景观在庭院植物景观中所占的比重较大，也是决定庭院景观整体风貌的形成的重要因素。天香庭院乔灌木配置方式多样，其中以丛植与群植为主，局部采用孤植、列植、篱植等其他形式，整体上形成高低错落、层次分明的植物景观效果，如图 5-13、图 5-14 所示。

2. 不同造园要素周边乔灌木配置

天香庭院主园路一侧靠着围墙，一侧沿着庭院水池。因此靠围墙一侧绿化以高大乔灌木

庭院景观与绿化设计

图 5-13　天香庭院乔灌木配置方式
a）群植　b）丛植　c）孤植　d）列植与篱植

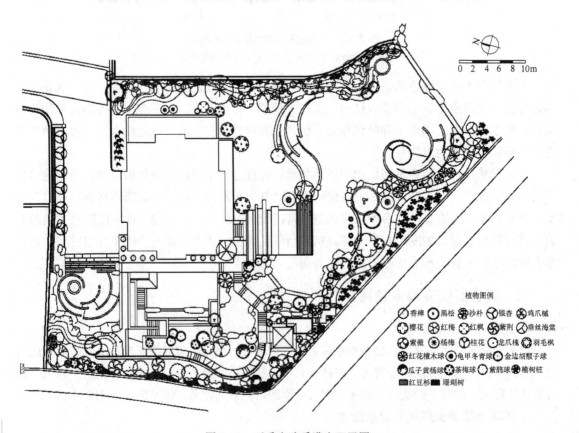

图 5-14　天香庭院乔灌木配置图

为主，形成绿色背景；沿水池一侧则以小乔木与矮灌木为主，与水体形成良好的过渡。沿路植物配置疏密有致，开合有序，沿水池一侧还需考虑透景线的开辟，见图 5-12b。水体周边植物整体上形成多层次的群落结构，具有丰富的色彩与季相变化。

天香庭院景观亭位于全园制高点，为增加该处山体的整体高度，在景观亭后方配置高大的银杏林以增加山体高耸感，并形成较好的秋色效果，如图 5-13a 所示，在景观亭前方配置中低高度的灌木加强山坡的效果。庭院中多处设置景石，在景石旁边注意植物与其搭配关系。

该庭院主体建筑周边配置乔灌木主要考虑通过植物柔化建筑线条，增添建筑美感，协调建筑与周边环境的关系，同时注意透景、框景、添景等多种景观艺术手法的运用。

【思考与练习】

1. 请谈谈庭院常见乔灌木种类及选择要点。
2. 阐述庭院乔灌木空间的构成、类型及设计要点。
3. 庭院乔灌木的配置方式有哪些？
4. 请谈谈庭院乔灌木与园路、水体、假山、建筑等其他造园要素配置时的要点。
5. 完成前述 20 号别墅庭院的乔灌木景观设计，要求植物空间层次丰富、季相与色相效果明显，乔灌木与其他景物搭配协调。

任务二　庭院草坪与地被植物景观设计

草坪与地被植物能够覆盖裸露的地表，是构成庭院基底的主要材料，将庭院中各种景物协调统一起来，形成优美的视觉景观。草坪还能为庭院提供室外健身与活动的空间，减少庭院郁闭度。同时，由于草坪与地被植物良好的覆盖性，它们在保持庭院水土方面也有很好的作用。

【任务分析】

本任务主要包括以下三方面内容：
1）根据庭院特点合理选择草坪与地被植物。
2）庭院草坪景观设计。
3）庭院地被植物景观设计。

【工作流程】

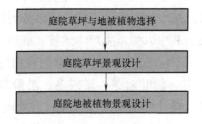

【基础知识】

一、庭院草坪与地被植物类型及常见种类

1. 庭院草坪类型与常见种类

草坪是用多年生矮小草本植物密植，并经修剪的人工草地。草坪种类繁多，按草坪草生长的适宜气候条件不同，主要分为暖季型草坪和冷季型草坪。

1）暖季型草坪也称为夏型草坪，主要是禾本科，画眉草亚科与黍亚科的一些植物。最适生长温度为 26 ~ 32℃，当温度在 10℃ 以下时进入休眠状态，在我国主要分布于长江流域及以南较低海拔地区。该类草适宜于温暖湿润或温暖半干旱的气候条件，冬季休眠，早春开始返青，复苏后生长旺盛，进入晚秋，一经霜冻，其茎叶枯萎。该类草耐低修剪，有较深的根系，抗旱、耐热、耐践踏。此外，暖季型草坪草均具有相当强的长势和竞争力，当群落一旦形成，其他草很难侵入。

庭院中常用暖季型草主要有：结缕草（日本结缕草、中华结缕草）、马尼拉草（沟叶结缕草）、天鹅绒草（细叶结缕草）、狗牙根、天堂草、野牛草、地毯草、假俭草、钝叶草等。另外，非禾本科的马蹄金也属于暖季型草。

2）冷季型草坪也称为冬型草坪，主要是早熟禾亚科的一些植物。最适生长温度 15 ~ 25℃，当气温高于 30℃ 时，生长缓慢，在我国主要分布于华北、东北和西北等长江以北的北方地区。该类草耐寒性较强，在夏季不耐炎热，春、秋两季生长旺盛。

庭院中常用冷季型草主要有：草地早熟禾、高羊茅、紫羊茅、多年生黑麦草、剪股颖等。

另外，按植物材料不同可分为纯一草坪、混合草坪、缀花草坪等；按功能用途不同可分为观赏草坪、游憩草坪、运动草坪、固土护坡草坪等；按布局形式不同可以分为规则式草坪与自然式草坪等。

2. 庭院地被植物类型与常见种类

地被植物指凡能覆盖地面的低矮植物，包括草本植物以及木本植物中的矮小丛木、偃伏性或半蔓性的灌木、藤本等均可用作地被植物。广义上的地被植物应包括草坪，但由于草坪草有其独特的生物学特性和生态习性，所以通常所指的地被往往不包括草坪草。

与草坪草相比，地被植物不易形成平坦的平面，大多不耐践踏，但其养护管理较为粗放。地被植物种类繁多，形态各异，色彩多样，季相特征明显，能够形成丰富景观效果。不同的地被植物还可以适应阴、阳、干、湿等不同的环境条件。

地被植物有多种分类方式。按生物学特性不同，可以分为草本地被、藤蔓类地被、蕨类地被、灌木类地被及竹类地被，其中以多年生草本地被在庭院中运用最为广泛。

1）草本地被：大多数的一二年生花卉、多年生球宿根植物及观赏草等均可作为地被植物应用于庭院，常用植物如麦冬、阔叶麦冬、矮麦冬、沿阶草、吉祥草、玉簪、葱兰、韭兰、萱草、石蒜、红花酢浆草、紫叶酢浆草、白三叶、大吴风草、虎耳草、薄荷、二月蓝、

一叶兰、万年青、鸢尾、黄金菊、白晶菊、银叶菊、美女樱、佛甲草等。

2）藤蔓类地被：该类地被主要是指茎干柔弱、不能独自直立生长的藤本和蔓生植物，如常春藤、络石、薜荔、金银花、扶芳藤、蔓长春花等。

3）蕨类地被：庭院中阴湿的环境往往可以采用蕨类植物作为地被，如肾蕨、铁线蕨、凤尾蕨、波士顿蕨等。

4）灌木类地被：矮灌木中一些枝叶茂密、丛生性强或匍匐状的灌木，或是极耐修剪、容易控制高度的植物也常作为地被植物使用，如阔叶十大功劳、洒金珊瑚、八角金盘、南天竹、铺地柏、小叶女贞、茶梅、杜鹃、红花檵木、龟甲冬青、紫叶小檗、小叶栀子等。

5）竹类地被：那些枝杆低矮、枝叶细密、分蘖力强的竹类也是较好的庭院地被材料，如菲白竹、菲黄竹、箬竹、铺地竹、凤尾竹、翠竹、倭竹、鹅毛竹等。

另外，按生态习性的不同，可以分为阳生地被、阴生地被、旱生地被及湿生地被等；按观赏特性不同，还可以分为观花地被、观叶地被、观果地被、香花地被等。

二、庭院草坪景观设计

1. 草坪作为主景

平坦开阔的草坪能够构成庭院中的主景，形成简洁、明快、开朗的格调，具有扩大空间的效果，如图5-15a所示，特别适合用于面积较小的庭院。

作为主景的草坪设计时要坚持以草坪为主原则，不能随意在草坪中间的开阔面加种其他

a)   b)

c)

图 5-15　庭院草坪景观设计
a）草坪作为主景　b）草坪作为基底　c）草坪作为配景

植物，以免喧宾夺主。一般植物可布置于草坪四周，形成围合的空间感，以突出草坪景观。

作为主景的草坪还需对其平面构图形状进行重点设计。规则式庭院可将草坪设计成规则的几何图形；自然式庭院多采用自然流畅的曲线构成草坪的边界。

2. 草坪作为景观基底

草坪作景物基底在庭院中的应用更为普遍，无论在规则式，或是自然式庭院中，都能起到非常好的效果。整齐、开阔的草坪与庭院其他景物能够较好地融合在一起，同时起到对比与调和作用，如图 5-15b 所示。庭院中如果没有绿色的草坪作基调，其他景物无论色彩多么绚丽、造型多么精致，由于缺乏底色的对比与衬托，会显得杂乱无章、无法形成统一的美感。

3. 草坪作为配景

草坪作配景使用是庭院中较为常用的方法，它对地形、水体、建筑、园路及其他植物都可以起到非常好的对比与调和、烘托及陪衬的作用，如图 5-15c 所示，草坪作为配景镶嵌于石板中，共同形成美观的铺地效果。

（1）作为地形的配景　当草坪与地形配合组景时，草坪往往用来烘托地形的轮廓和起伏变化的美感。此时草坪表面随地形变化而发生变化，地形表面由于草坪的覆盖显得自然、洁净。另外，草坪还常作为庭院假山与置石的配景。

（2）作为水体的配景　水体分为动水和静水，无论是何种水体在草坪的搭配下，都能够呈现相得益彰的效果。动态的水体与静态的草坪能够形成动静上的对比；静态的水体，能够映照出天光云影，在草坪的烘托下能够更显静谧与柔和。水体则能使草坪更显润泽与清新，使庭院景观充满生机与活力。

庭院中的水体与陆地上的其他景物也可以通过草坪起到衔接和过渡作用，如建筑与水体之间可以通过草坪来过渡，既自然美观，又丰富了空间层次，同时也加强了景物之间的联系。

（3）作为建筑的配景　在庭院布局上，经常在建筑的周围布置草坪或是把建筑布置在大草坪上，通过草坪整齐均一的绿色基底能够衬托出建筑的造型、色彩的美感。建筑造型丰富多变，通过造型单一的草坪进行对比，能够对建筑造型起到烘托作用。在色彩上，草坪的色彩自然、均匀，而且绿色是介于冷暖之间的色彩，给人的感觉非常舒适，而建筑的色彩则非常丰富，在草坪中能够显得格外醒目。另外，草坪也是协调建筑与周边环境的重要材料之一，如通过草坪平整的表面，规则的边缘线，使建筑与自然景物能够协调过渡。

（4）作为园路的配景　草坪与园路相配合主要有两种形式：一种是园路两旁配置草坪；一种是草坪与石板等铺装材料组合共同形成具有一定图案或纹理效果的园路。一般与草坪配合的园路多为小型游步道，宽度在 1.5m 以内，主要供人漫步游览、观赏庭院中的景物。

（5）作为其他植物的配景　草坪与乔灌木配合在一起，能够组成变化多样、层次丰富的植物景观。庭院中具有特色的孤植树与树丛往往构成主景，通过草坪的配置，能够强调与突出植物个体美与群体美，营造一种宁静、祥和的氛围；群植的树木能够与草坪构成虚实相间，对比度较强的空间；草坪与修剪成型的树木或绿篱，由于都需进行修剪，且都较为整齐，相互配合使用，协调统一。

草坪与色彩缤纷的花卉配置在一起，可以形成"红花绿叶"的对比效果。用花卉布置花坛、花带或花境时，草坪往往作为镶边材料或配景；草坪与花卉还可配置在一起形成缀花草地的效果，使庭院自然而富有野趣。

4. 草坪边缘处理

　　草坪的边缘是草坪与园路、树木及其他景物的分界线，它界定了草坪的范围。草坪边缘线宜清晰明了，可以采用规则的直线条，也可以用自然的曲线条。草坪边缘也可以进行镶边处理，通过花卉、灌木、地被植物及鹅卵石等布置于草坪边缘作为界面变化的暗示，有时还

图 5-16　庭院草坪边缘处理

可在草坪边缘点缀景石，以打破僵直连续的线条，形成自然、轻松的感觉，如图 5-16 所示。

三、庭院地被植物景观设计

1. 地被植物作为主景

　　地被植物以其丰富的形状、色彩、质感的变化可以构成庭院景观主景，如图 5-17a 所示。作为主景时，重点考虑地被植物的美感和配置上的艺术性，可以利用地被植物不同的叶色、花色、花期、叶形等搭配成高低错落、色彩丰富的景观。

2. 地被植物作为景观基底

　　相比于草坪，地被植物所形成的庭院景观基底更为多样化，或绿意盎然，或色彩缤纷，或自然天成，或整齐大方，如图 5-17b 所示。同时，由于不同的地被植物能够适应不同的环境条件，比草坪具有更广的适应性，管理也比较粗放，有些不适合种植草坪的庭院可以考虑采用地被植物作为基底材料。但由于地被植物所形成的基底通常是不耐踩踏的，缺乏可进入性，不能像草坪一样满足人们的游憩功能，因此在庭院中大面积使用时要慎重考虑。

3. 地被植物作为配景

　　地被植物作为配景与庭院山石、水体、建筑、园路及其他植物等都能形成较好的景观效果，如图 5-17c 所示。

　　（1）作为山石的配景　山石是我国传统庭院中不可缺少的元素，能够增加庭院的风雅与意趣。山石虽有灵气，但终究缺少点生气，通过点缀一些地被植物能够形成自然、雅致的景观。利用地被植物与点缀山石时，要注意植物与山石纹理、色彩的对比和协调关系。

　　（2）作为水体的配景　地被植物与水体相配能够增加水体自然、野趣。同时，还能够改善水边的生态条件，为两栖动物提供生存空间。在水边配植地被植物时要符合水边的环境条件，宜选用耐水湿地被植物。

　　（3）作为建筑的配景　地被植物常作为软化建筑墙角的材料。通常在建筑墙基搭配高低错落的地被植物以弱化建筑生硬的线条，形成较好的过渡关系。配置时要注意地被植物的

c)

图 5-17　庭院地被植物景观设计

a）地被植物作为主景　b）地被植物作为景观基底　c）地被植物作为配景

高矮与建筑的比例关系要协调；植物的色彩应与建筑的色彩形成一定的对比关系，但要以建筑为主，避免喧宾夺主。

（4）作为园路的配景　地被植物在园路旁边的配置形式多样。可以通过地被植物进行镶边处理，软化园路的边界；通过地被植物形成花境作为点缀；可以在园路两旁铺设单一的地被植物，与其他植物形成立体的层次，共同丰富园路景观。

（5）作为其他植物的配景　地被植物往往与乔木、灌木搭配在一起，形成较完整的复层人工植物群落结构。作为植物群落底层的地被植物通常处于较为荫蔽的环境，宜选用阴生地被为主。同时，还要考虑其形态、色彩、质感与上层乔灌木之间的对比、协调关系。

多种开花的地被植物与草坪相配能够形成自然天成的山野效果，远观如同铺设了一张绣花地毯，别有情趣。

【实践操作】

一、天香庭院草坪与地被植物选择

合理选择草坪与地被植物，是获得优美的庭院草坪与地被景观的关键。草坪与地被植物选择主要注意以下两方面：

1. 根据庭院环境条件选择

天香庭院在草坪与地被选择时，首先考虑庭院的环境条件与植物的生长习性，选择繁殖容易、生长迅速、覆盖力强、耐修剪、抗性强、易于管理、观赏性好的种类。

一般来说，南方地区气候湿暖多雨，夏季炎热，空气湿润，草坪多采用暖季型草为主，北方地区气候寒冷干燥，水分较少，草坪多以冷季型草为主。

在地被植物选择上，主要根据庭院环境的光照、水分等条件，合理选择阳性、阴性、旱生、湿生等地被植物。

2. 根据造景要求与功能选择

另外还需根据草坪与地被植物造景上的要求进行选择，如作为主景的草坪要选择观赏价值较高的草种，一般要求枝叶细密、色泽均一、覆盖度高。作为配景时，重点考虑其与周边景物在颜色、质感等方面的搭配关系，使整体景观协调统一。另外活动区需选用能够耐踩踏的草种。

天香庭院中的草坪主要采用果岭草，实为禾本科狗牙根属草与黑麦草混播形成的草坪。该草坪平整均一，能够保持全年常青，又耐寒、耐旱、病虫害少，生长慢，耐频繁的刈割、践踏后易于复苏。

该庭院地被植物主要采用南天竹、毛鹃、金边胡颓子、火棘、矮麦冬、万年青、美人蕉、八角金盘、云南黄素馨、常春藤、麦冬及一二年生草花等。其中既有木本植物，又有草本植物；有阳性植物、阴性植物，能够形成饱满而富有变化的景观基底。

二、天香庭院草坪景观设计

该庭院草坪主要位于建筑南侧与东侧，整体上形成平整、均一的景观基底，如图5-18所示。庭院南侧的草坪是局部空间的主景，同时具有协调周边建筑、植物、水体等其他景观的作用。草坪边界整体上自然流畅，在与规则式的铺地衔接时注意过渡处理。

a)　　　　　　　　　　　　　　　b)

图 5-18　天香庭院草坪景观

a）建筑南侧草坪　b）建筑东侧草坪

三、天香庭院地被植物景观设计

该庭院地被植物种类繁多，既有木本地被又有草本地被，它们或观花、或观果、或观叶，形成丰富的图案效果，构成庭院植物景观的基底，如图5-19所示。

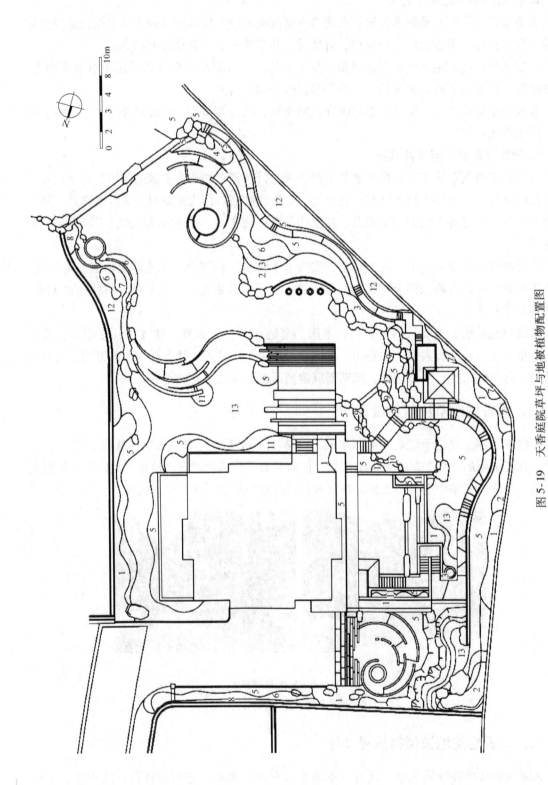

图 5-19　天香庭院草坪与地被植物配置图

1—南天竹　2—毛鹃　3—金边胡颓子　4—火棘　5—矮麦冬　6—万年青　7—美人蕉　8—八角金盘　9—云南黄素馨　10—常春藤　11—草花　12—麦冬　13—果岭草

216

该庭院地被面积较大，除了建筑南侧、东侧的草坪外，其他种植区域基本上由地被植物覆盖。地被植物配置上讲究高低层次的处理，注重与其他景观要素的搭配关系，整体上形成郁郁葱葱的景观效果，如图5-20a所示，由矮麦冬、万年青、金边胡颓子、毛鹃等形成的地被景观。地被植物作为配景与道路、建筑等景物搭配时注意两者的协调性，如图5-20b所示，通过麦冬与木桩路搭配，形成充满自然气息的园路景观。

a)　　　　　　　　　　　　　　　b)

图5-20　天香庭院地被植物景观

a）地被植物形成的景观基底　b）地被植物作为园路的配景

【思考与练习】

1. 请谈谈庭院草坪与地被植物主要类型及常见种类。
2. 阐述庭院草坪景观设计要点。
3. 阐述庭院地被植物景观设计要点。
4. 完成前述20号别墅庭院的草坪与地被植物景观设计，要求与其他景物形成较好的搭配关系。

任务三　庭院花境景观设计

　　花境是模拟自然界中林地边缘地带多种野生花卉交错生长的状态，运用艺术手法设计的一种花卉应用形式。花境是庭院花卉布置最为重要的一种形式，它能够表现植物本身特有的自然美，以及自然组合的群体美。花境在欧洲庭院中应用由来已久，近年来，国内各地营造花境之风盛行，庭院中的花境布置也越来越受人们青睐。除了花境外，庭院花卉应用形式还有花坛、花丛、花台、花钵等。

【任务分析】

　　本任务主要包括以下三方面内容：

1）根据庭院特点确定花境布置位置，合理选择花境植物。

2）庭院花境平面、立面设计，确定花境平面形状、立面造型、尺寸等。

217

3）庭院花境色彩设计与季相设计，确定主色调及四季景观效果。

【工作流程】

【基础知识】

一、庭院常见花境植物

1. 一二年生花卉

一二年生花卉包括一年生花卉与二年生花卉，一般色彩艳丽、生长迅速、栽培容易。庭院花境常用一二年生花卉主要有：矮牵牛、三色堇、一串红、鸡冠花、凤仙花、须苞石竹、万寿菊、金鱼草、雏菊、矢车菊、白晶菊、翠菊、藿香蓟、蜀葵、红叶甜菜、羽衣甘蓝、蒲包花、醉蝶花、花烟草、波斯菊、毛地黄、天人菊、向日葵、香雪球、紫罗兰、虞美人、多花报春、长春花等。

2. 球宿根花卉

球宿根花卉包括球根花卉与宿根花卉。球宿根花卉花期长，色彩艳丽，较一二年生花卉栽培管理简单，又具有多年生长、成本低的优点，是花境主要材料。庭院花境常用球宿根花卉主要有：千叶蓍、石菖蒲、多花筋骨草、宽叶韭、银蒿、一叶兰、射干、四季海棠、风铃草、花叶美人蕉、春黄菊、大蓟、西洋樱草、大花金鸡菊、大花飞燕草、地被石竹、松果菊、大吴风草、宿根天人菊、山桃草、花叶活血丹、姜花、大花萱草、玉簪、紫萼、鱼腥草、风信子、蝴蝶花、玉蝉花、马蔺、黄菖蒲、溪荪、鸢尾、灯心草、长寿花、火炬花、野芝麻、大滨菊、阔叶麦冬、兰花三七、羽扇豆、过路黄、薄荷、地涌金莲、洋水仙、美丽月见草、红花酢浆草、紫叶酢浆草、宿根福禄考、花毛茛、万年青、黑心菊、金光菊、虎耳草、佛甲草、八宝景天、银叶菊、绵毛水苏、紫露草、紫三叶、郁金香、马蹄莲、吊竹梅、芍药、葱兰、薰衣草、亚菊等。

3. 花灌木

花灌木是指观花、观叶、观果为主要目的的木本植物，一般包括常绿与落叶两类。在混合花境中常作为背景植物，或是增加层次与季相效果。庭院花境常用花灌木主要有：大花六道木、紫叶小檗、醉鱼草、茶梅、金叶菀、变叶木、红瑞木、花叶胡颓子、欧石楠、扶芳藤、八角金盘、金钟花、八仙花、金丝桃、龟甲冬青、亮绿忍冬、南天竹、火棘、杜鹃、六月雪、绣线菊、水果蓝、地中海荚蒾、锦带花等。

4. 观赏草

观赏草是一类以茎秆、叶丛和花序为主要观赏部位的草本植物的统称。庭院花境常用观赏草主要有：金线蒲、花叶燕麦草、花叶芦竹、棕叶苔草、细叶苔草、蒲苇、蓝羊茅、细叶芒、狼尾草、紫御谷、细叶针茅、矮蒲苇、日本血草、灯心草等。

二、庭院花境类型

1. 根据植物材料分类

（1）草本花境　以一二年生、多年生草本花卉为植物材料，在春、夏、秋三季构成观花景观的花境形式，如图5-21a所示。

（2）混合花境　综合运用一二年生、多年生草本花卉，并配以观花、观果或观叶灌木甚至小乔木的花境形式，如图5-21b所示，以体现丰富的植物多样性和自然的季相变化，观赏期较长。这是目前国内庭院中较多采用的花境形式。

（3）观赏草花境　观赏草是以茎秆、叶丛、花序为主要观赏部位的草本植物统称。主要为禾本科植物，也包括部分莎草科、灯心草科、花蔺科等植物。观赏草的配置能够使庭院带有浓郁的田园风光与乡土气息，如图5-21c所示。

（4）针叶树花境　针叶树花境是以松柏类植物为主配置的花境。松柏类植物种类丰富，株形、叶形、叶色多样，且耐修剪与造型，景观持续性强，如图5-21d所示。

a)　　　　　　　　　　　　　b)

c)　　　　　　　　　　　　　d)

图5-21　花境类型（按植物材料分）

a）草本花境　b）混合花境　c）观赏草花境　d）针叶树花境

2. 根据观赏季节分类

（1）早春花境　以早春开花的植物为主景材料，加入一些色叶、斑叶植物或剑形叶、针叶、阔叶等叶色丰富、叶形别致的植物来丰富景观。

（2）春夏花境 以多年生花卉和秋播一二年生花卉为主，常集中在仲春至初夏。这一时期的开花植物种类较多，能够营造色彩缤纷的景观。

（3）秋冬花境 主要通过各种秋色叶植物、观果类植物或观赏草等展现秋意，或增添常绿植物来避免冬季景观的萧条。

3. 根据花镜的观赏角度分类

（1）单面观赏花境 花境植物配置形成一个斜面，低矮者在前，高者在后，建筑或绿篱作为背景，仅供单面观赏，如图5-22a所示。

（2）双面观赏花镜 花境植物配置为中间较高，两边较低，可供人们从两面观赏，故花境无须背景，如图5-22b所示。

a)   b)

图5-22 花境类型（按观赏角度分）

a）单面观赏花境 b）双面观赏花境

另外根据花色的丰富度，可以分为单色花境、双色花境和多色花境；根据立地条件不同还可以分为阳地花境、阴地花境、黏土花境、砂土花境、湿地花境等多种类型。

三、庭院花境位置布设

花境的位置要结合庭院特点与景观要求合理布设，一般呈带状自然式，布置于建筑墙基前、园路旁、树墙或绿篱前、树丛边缘、草坪上等处。

1. 建筑物墙基前

庭院建筑墙基前设置花境能够起到基础种植的作用。一般采用单面观赏花境，能够软化建筑的硬线条，协调建筑与周边环境的关系，使建筑与绿地自然过渡。游廊、花架、围墙、栅栏、篱笆及坡地的挡土墙基础前也可设花境，能够起到相同的作用。

2. 园路旁

在庭院道路旁设置花境能够丰富沿路的景观，各种开花的花境植物往往能够成为人们瞩目的对象，能够活跃游览气氛。路边花境可以单侧布置，如一侧布置乔木和绿篱，一侧是灌木与花境；也可以两侧，形成互应的效果。园路尽头如有雕塑、喷泉等景观小品，在道路两边设置花境能够起到较好的引导与烘托的效果。

3. 树墙或绿篱前

在规则式庭院中经常会用到树墙、绿篱等，这类人工化的植物景观会显得比较呆板和单调，可以在绿篱、树墙前设置花境以打破沉闷的格局，让庭院即规整、大方，又清新、亮丽，花境装饰了绿篱单调的基部，绿篱又成为花境的背景，二者相映成趣，相得益彰。

4. 树丛边缘

树丛边缘布置花镜最能展示植物自然交错生长的状态，由高到低逐渐过渡，使树木与花草浑然一体。自然树丛边缘布置花境可以结合林缘线呈带状曲线形式。

5. 草坪上

花境可布置于草坪边缘或中央，采用双面或四面观赏的花境，以草坪为底色，绿树为背景，形成蓝天、绿草、鲜花的美丽景致，既能丰富景观，又能分隔空间。

另外在花境位置选择时也要考虑庭院光照、土壤、风等环境条件，如花境植物大多为草本，容易遭受风害，所以花境位置最好要避开庭院中风比较大的地方，或者采取一定的防风措施。

四、庭院花境植物选择

1. 根据庭院环境条件选择

庭院花境植物选择时要考虑庭院环境条件与植物生长习性，只有正确选择花境植物，才能维持其景观效果的稳定性。一般选择花期较长、色彩鲜艳、栽培管理粗放的宿根花卉为主，适当配以一二年生草花和球根花卉。选择时应考虑以能在当地能露地越冬、观赏价值较高的乡土植物为主。乡土植物适应性强、抗性好、生长健壮，有利于景观的稳定性。

2. 根据庭院花境造景要求选择

在选择植物时要考虑花境类型及所营造的氛围，如由哪些类型的植物构成，所营造的氛围是清新淡雅的，还是热情奔放，或是自然乡野的，然后根据不同的特点去选择相对应的植物。

在植物选择同时，还应考虑景观的多样性与协调性。花境植物材料广泛，选择时应注意各种花卉的株形、株高、花期、花序、花色、质地及数量的协调和对比，考虑花境在整体层次、色彩、季相的搭配上对植物种类的要求，使景观丰富多变。花境营造的是一种群体美，追求整体和谐，因此花卉选择种类不能过于杂乱，要求花开成丛，并能显现出季节的变化或某种突出的色调。

另外，选择花境植物配要排除有毒及易引起过敏的植物，尽量少用虫害厉害的植物，注意不要用自身繁衍迅速的植物，以免破坏整体构图与造型。

五、庭院花境平面设计

1. 平面轮廓设计

花境平面轮廓一般呈带状，或规则形或自然形，主要考虑与周边景观在平面构图上取得协调和一致。单面观赏花境的后边缘线往往采用直线，前边缘线用直线或自由曲线；双面观赏花境的边缘线基本平行，可以是直线，也可以是流畅的自由曲线。

不同平面轮廓花境有以下特点：

1）直线形，即由水平线、垂直线、斜线等构成的几何形，如图5-23a所示。直线形花

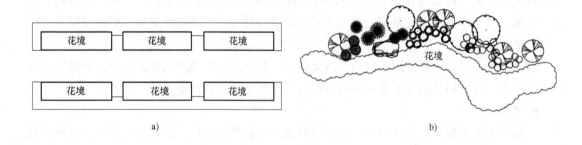

图 5-23　花境平面轮廓设计

a）直线形　b）曲线形

境在整体构图上带有规则式的风格，修剪及养护较为容易，但易产生呆板的感觉，可以通过内部自然的植物种植来打破这种规则。带状直线形的花境可以将人的视线引向前方，尤其在道路两边相互对应的花境能够产生聚焦的作用，可以在道路尽头设置喷泉、雕塑等景物，能够产生较好的景观效果。左右两边对应的花境长轴最好沿南北方向展开，以使左右两边花境光照均匀。

2）曲线形，即由自由曲线及几何曲线形构成，如图 5-23b 所示。曲线形轮廓的花境具有自然、流畅、柔美的感觉，有较好的律动感。曲线形花境可以呈点状或呈带状布置：点状布置的花境具有较好的焦点作用，可以布置于庭院入口、道路转角、草坪等处；带状曲线形花境可以沿曲线道路布置，也可布置于自然树丛边缘等处，具有视线引导与空间界定作用。在曲线设计时，应采用舒缓、柔和的线条，避免过于尖锐的转弯。

花境平面轮廓的营造可以采用不同的材料：花境种植床比较高可以采用自然的石块、砖头、碎瓦、木条等垒砌；平床多用低矮植物镶边，以 15～20cm 高为宜；若花境前面为园路，边缘用草坪带镶边，宽度一般 30cm 以上；还可以在花境边缘与其他景物分界处挖 20cm 宽、40～50cm 深的沟，设置金属或塑料条板，防止边缘植物侵蔓路面或草坪。

2. 平面尺寸设计

庭院花境大小的选择取决于庭院环境空间的大小。一般花境的长轴长度不限，但为了管理方便，可以适当分段，段与段之间可留 1～3m 的间歇地段，设置座椅或其他景观小品。花境的宽度设置主要从景观效果出发进行考虑，过窄不易体现群落的景观，过宽则超过视觉观赏范围，也给管理造成困难。一般来说，一个花境的宽度应最少是其中最高植物高度的两倍以上，庭院中的花境多在 1～2m，一般不超过庭院宽度的 1/4。混合花境、双面观赏花境较单面观赏花境宽些。

3. 植物组合设计

花境内部植物的平面设计重点要做好植物的组合设计，形成主调、基调、配调，使构图美观，色彩、姿态、体量、数量等协调，一年四季季相变化丰富又看不到明显的空秃。

庭院花境平面轮廓无论是直线型还是曲线型，其内部均以自然式花丛为基本单元进行配置，呈不规则斑块状，如图 5-24 所示，该花境采用 8 种植物呈团块状布置，其中藿香蓟面积最大，与茶梅球、景石形成构图中心，其他植物斑块围绕构图中心展开，低的植物布置于前面，高的植物布置于后面。

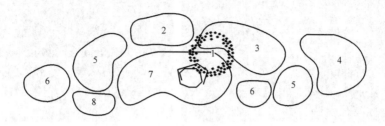

图 5-24　花境植物平面组合设计

1—茶梅球　2—羽扇豆　3—八宝景天　4—紫叶酢浆草　5—迷迭香　6—矮牵牛　7—藿香蓟　8—孔雀草

花境中每种植物斑块的面积可大可小，但不宜过于零碎和杂乱。一般先花后叶的植物斑块面积不宜过大，花后叶丛景观效果较差的植物面积宜小些，并通过在其前方配植其他花卉予以弥补。花境中除一二年生草花需要年年栽种外，一般 3~5 年才调整一次，因此，相邻花卉斑块的生长强弱、繁衍速度也应大体相近，以保证景观相对稳定。花境植物的组合还需注意疏密关系，在平面布置中，保持合适的数量与密度，使构图不拥塞。

六、庭院花境立面设计

1. 立面层次设计

庭院花境配置过程中要注意立面层次的设计。花境层次通常可分为前景、中景、背景或是近景、中景、远景，主景往往布置于中景位置，通过前景与背景进行衬托，以丰富空间层次。

不同高低的植物在花境中的反复使用，不仅使立面层次丰富，高低错落有致，还能够产生一定的节奏感。一般带有背景的花境通常采用前低后高的布置方法，如图 5-25a 所示，将较为高大的植株布置于后面，高度多在 60~150cm，混合花境通常以花灌木作为背景植物；中景多采用多年生的株形优美、色彩缤纷的球宿根花卉为主，高度在 30~80cm；近景则采用低矮的一二年生花卉，高度多在 10~30cm。在配置时，通常使高低植物之间有所穿插，以打破呆板机械的序列排列，如图 5-25b 所示，在布置时以不遮挡视线，能够形成较好的立面观赏效果为准。

在花境立面设计时要除了考虑植物的株高外，还要充分考虑植物的质感、形态。一般而言，粗质地的植物显得近，细质地的植物显得远，可以通过植物质感搭配增加景深效果。根据植株及花朵构成的整体外形，可把植物分成水平型、直线型及独特形三大类。水平型植株圆浑，开花较密集，多为单花顶生或各类伞形花序，开花时形成水平方向的色块，如金光菊、八宝景天等；直线型植株耸直，多为顶生总状花序或穗状花序，形成明显的竖线条，如火炬花，飞燕草，鼠尾草等；独特花形兼有水平及竖向效果，如鸢尾、石蒜等。花境在立面设计上最好有这三大类植物的外形比较，如直立形的植物可以打破植物的水平线条，增加竖向上的变化，独特形植物可以布置在相对中间位置以吸引视线，形成视觉焦点。

2. 背景与前景设计

通过背景与前景的设置往往能使庭院花境的景深更为深远，立面变化更为多样。

a)   b)

图 5-25　花境立面层次设计

a) 前低后高的布置方式　b) 高低穿插的布置方式

（1）背景　色彩缤纷的花境在背景烘托下往往能够取得更好的观赏效果，因此背景也可以看成是花境的组成部分之一。一般花境的背景主要有树丛、绿篱、建筑墙体、栅栏等，以绿色或白色为宜。

绿色的树丛及修剪整齐的绿篱是花境的良好背景，统一的绿色可以突出花境植物的色彩与形态，使观赏者的视线聚焦于花境植物本身。树丛背景往往用于较为自然的庭院中，绿篱背景则多用于规则式的庭院中。由于绿篱需要经常修剪，可在绿篱与花境之间留出 70 ~ 80cm 的小路，以便于管理，又能起通风作用，并能防止做背景的树和灌木根系侵扰花卉。

平整的建筑墙面和栅栏也能够很好地衬托花境。一般作为背景的墙面与栅栏造型不能过于繁琐，色彩不能过于强烈，以避免分散观赏者的注意力，从而影响花境的观赏效果。

当然，并不是所有花境必须要有背景的，如位于草地或铺地中间的四面观赏的独立式花境不需要设置背景，但大多数花境仍然需要背景来进行衬托。

（2）前景　花境的前景是观赏者视线到达花境前所穿越的空间景观，往往与花境所处的位置密切相关。庭院花境的前景主要是草坪及硬质铺地。绿色的草坪能够勾勒出花境的整体轮廓，衬托花境的群体美；园路或铺地边缘的花境，会受到硬质铺地材料色彩、质地的影响。一般来说宜选择色彩素雅、质地自然的材料，如石板、沙砾、碎石等，增加花境自然魅力。

七、庭院花境色彩设计

1. 确定花境主色调

花境中的花卉虽然通常会采用多种花色，但总体有一种倾向，是偏蓝或偏红，是偏暖或偏冷等，这种颜色上的主要倾向就是色调。

庭院花境设计色彩首先要根据环境特点与造景要求确定一个基本色调以及不同季节的主调色彩。花境的主色调通常由花境植物的色相、明度、冷暖、纯度等决定。一般来说，暖色系给人感觉温暖、活泼、热烈的感觉，早春或秋天用红、黄、橙等暖色系花卉组成花境，可增加庭院景观的暖意，如图 5-26a 所示；冷色系给人感觉凉爽、素雅、闲适的感觉，夏季使用冷色调的蓝紫色系花为主的花境，可给人带来凉意，如图 5-26b 所示；而中性色给人感觉温和、安静、平和，如紫、绿、黄等。另外，无色系中的白色在花境配色中起着重要的作用。其中，暖色有近感，冷色有远感，如将冷色系植物群放在花境后部，能够增加花境景深，使花境显得比实际面积要大。

图 5-26　不同色调花境
a）暖色系花境　b）冷色系花境

此外，从明度看，高明度有近感，低明度有远感；从纯度看，高纯度有近感，低纯度有远感。另外，高纯度色彩有兴奋感，低纯度色彩有宁静感；明亮、鲜艳的色彩呈现明快感，而深暗、灰浊的色彩则呈现忧郁感。

2. 花境色彩的配置

（1）选择配色方法　花境的色彩设计主要有单色系设计、类似色设计、补色设计及多色设计四种配色方法。单色系配色法只强调某一色彩，该种方法在庭院中不常用；类似色配色法常用于强调季节性的色彩特征时使用，如早春的鹅黄色、秋天的金黄色等；补色配色法多用于花境的局部配色，使色彩鲜明、艳丽；多色配色法是花境中常用的方法，使花境具有鲜艳、热烈的气氛。但应注意依花境大小选择花色数量，若在较小的花境上使用过多的色彩反而会产生杂乱感。

（2）色彩调和设计　花境色彩的调和主要包括花境色彩与周边环境色彩的调和及花境内部色彩间的调和。主要可以运用以下方法：①花境主色调的确定为实现色彩的调和奠定了基础；②通过单色系、类似色的运用，使色彩间保持有机的、内在的联系，以形成调和关系；③运用色彩的呼应关系，如通过花镜中一组色彩重复出现，起到调和作用；④运用色彩的均衡关系，使色彩构图的轻重感平衡，如高明度有轻感，低明度有重感，可以使高明度植物的面积大于低明度植物面积，从而达到调和关系。

（3）色彩对比设计　花境色彩的对比主要包括单一色相的对比、相近色相的对比、互补色相的对比等。

单一色相对比：在同一颜色之中，浓淡、明暗相互配合形成对比，有舒缓、柔和、雅致的感觉，但搭配不合理，也会使花境感到单调乏味。

相近色相对比：色相中对比，色相差异增强，但色彩不是非常对立，如红与紫，黄与绿等，配置在一起既有很好的统一性，又能有一定的色差，整体色彩感觉较为活泼、明朗。

互补色相对比：最为强的色相对比，具有强烈的视觉冲击力，具有兴奋的感觉，如红色与绿色、黄色与紫色、蓝色与橙色等。花境中互补色要注意搭配的合理，否则易产生不协调与杂乱感。

八、庭院花境季相设计

季相变化是花境的特征之一，利用花期、花色、叶色及各季节所具有的代表植物可创造丰富的季相景观。在设计时可将植物花期分散到全年的观赏期，每个观赏季以 2 ~ 3 种植物为主，使各个季节开花连续不断，形成三季有花、四季有景的效果。在设计时，可以先确定春季开花的植物将它们散布于整个花境内，并选择早春至晚春不同阶段开花的植物。在晚春开花植物周边配置初夏开花的植物，以形成开花繁茂并连续不断的效果，初夏开花的植物也可与早春开花植物配置上有少许交错。在春花植物前布置些中夏至夏末开花的植物以掩饰花期过后的春花植物，同时，可以将其配置于初夏植物周边，使花期连续。然后添加秋季开花的种类，让夏末和早秋开花的植物有交叠。可以在花境中配置适当的常绿植物以形成冬季景观。如果为了突出某一季节景观特色的花境，在植物种植比例上可以有所侧重。

【实践操作】

一、天香庭院花境位置布设与植物选择

天香庭院中的花境比较简单，主要是作为建筑墙基点缀之用，以增加庭院色彩与季相的变化，同时使建筑与草坪自然过渡。另外在水边还点缀了一些观赏草，以增加乡野趣味，如图 5-27 所示。

图 5-27 天香庭院花境

该庭院花境属混合式花境，主要有三色堇、雏菊、金盏菊、矮牵牛、八宝景天、金边阔叶麦冬、矮麦冬及矮蒲苇等草本植物，以及茶梅球、月季、紫鹃等木本植物。

二、天香庭院花境平面、立面设计

该花境平面线条流畅、饱满，如图 5-28 所示。其采用以矮麦冬进行边缘修饰，勾勒出整体的平面轮廓；在其中点状形式配置三株茶梅，呈三角构图，作为常绿的背景，是花境最

高层次的植物，使花境即使在冬季也不会显得萧条；再配置月季花、八宝景天、金边阔叶麦冬、紫鹃等中间层次的植物形成较稳定的景观；然后再根据季节不同配置较低矮的一二年生草花，如春季布置三色堇、雏菊、金盏菊、矮牵牛等，形成不同季节景观特色。

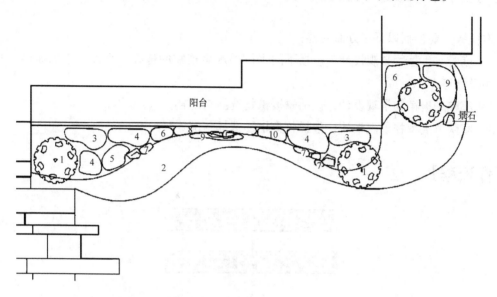

图 5-28　天香庭院花境平面图

1—茶梅　2—矮麦冬　3—八宝景天　4—雏菊　5—金盏菊　6—紫鹃

7—金边阔叶麦冬　8—月季　9—矮牵牛　10—三色堇

三、天香庭院花境色彩、季相设计

在色彩上，该花境主要以暖色为主，植物花色多以红色系与橙色系为主，与周边郁郁葱葱的绿色形成强烈的对比效果。在季相处理上，以常绿植物形成冬季主要景观，通过不同季节一二年生植物的更换形成其他季节特色性的景观。

【思考与练习】

1. 庭院花境的主要类型有哪些？通常布置在庭院哪些地方？

2. 请谈谈花境平面、立面设计要点。

3. 请谈谈花境色彩、季相设计要点。

4. 为前述 20 号别墅庭院设计一组混合式花境，布置于合适的位置，要求层次与季相丰富，色彩协调。

任务四　庭院其他植物景观设计

除了前面所述的乔灌木、草坪、地被、花境等植物景观外，庭院中还可根据需要配置一些水生植物、攀援植物与竹类植物景观，它们在庭院中所占的比重往往不大，但却能为庭院增添无穷的魅力。

【任务分析】

本任务主要包括以下三方面内容：

1）庭院水生植物景观设计，包括不同水体中水生植物的选择，平面、立面设计，色彩与季相设计等。

2）庭院攀援植物景观设计，包括攀援植物选择与配置。

3）庭院竹类植物景观设计，包括竹类植物选择与配置。

【工作流程】

庭院水生植物景观设计

庭院攀援植物景观设计

庭院竹类植物景观设计

【基础知识】

一、庭院其他植物类型及常见种类

1. 水生植物

水生植物是指生长在水中、沼泽或岸边潮湿地带的植物。水生植物除了能够丰富庭院景观外，还具有净化水体等生态作用。

水生植物按生长习性不同可分为：挺水植物、浮叶植物、浮水植物、沉水植物等。

（1）挺水植物　挺水植物是指根、根茎生长在水的底泥之中，茎、叶挺出水面的植物，一般都较为高大。常分布于水深 0～1.5m 的浅水处，其中有的种类生长于潮湿的岸边。这类植物在空气中的部分，具有陆生植物的特征；生长在水中的部分（根或地下茎），具有水生植物的特征。

庭院中常见挺水植物有：荷花、芦苇、香蒲、水葱、慈姑、雨久花、菖蒲、石菖蒲、再力花、梭鱼草、花叶芦竹、千屈菜、泽泻、伞草等。

（2）浮叶植物　生长在浅水区，叶片浮在水面，形状多为扁平状，叶上表面常有气孔，根系或根茎固着在泥土里，这类型植物的叶柄会随着水的深度而伸长。

庭院中常见的浮叶植物有：睡莲、王莲、萍蓬草、荇菜、菱、芡实等。

（3）浮水植物　这类型植物根系并不固着于泥土中，而是沉于水中，植物体则漂浮于水面，某些还具有特化的气囊以利于漂浮。

庭院中常见的浮水植物有：凤眼莲、满江红、槐叶萍、大藻、水鳖等。

（4）沉水植物　这类型植物植物体全部或大部分浸没于水面下，通气组织特别发达，便于在水中空气极度缺乏的环境中进行气体交换。其根系固着在水下泥土里或漂浮水中，叶片大多呈线状、片状或条状。

庭院中常见的沉水植物有：金鱼藻、黑藻、聚草、眼子菜、流苏菜、苦草、菹草、水车前等。

2. 攀援植物

攀援植物自身不能直立生长，是需要依附它物向上生长的藤本植物。攀援植物是一种优美的庭院垂直绿化植物，能够有效利用庭院空间。

攀援植物有些是草本植物，有些是木本植物。按生长习性不同可分为：缠绕类、卷须类、吸附类及蔓生类等。

（1）缠绕类　不具特殊的攀援器官，而是依靠自己的主茎，缠绕着其他物体向上生长。

庭院常见缠绕类攀援植物有：紫藤、油麻藤、猕猴桃、金银花、牵牛花、茑萝、何首乌等。

（2）卷须类　依靠卷须而攀援，其中大多数种类具有茎卷须。

庭院常见卷须类攀援植物有：葡萄、葫芦、丝瓜、香豌豆、西番莲等。

（3）吸附类　依靠吸附作用而攀援，这类植物具有气生根或吸盘，均可分泌粘胶将植物体黏附于它物之上。

庭院常见吸附类攀援植物有：爬山虎、五叶地锦、常春藤、络石、凌霄、扶芳藤等。

（4）蔓生类　此类植物为蔓生悬垂植物，无特殊的攀援器官，仅靠细柔而蔓生的枝条攀援，有的种类枝条具有倒钩刺，在攀援中起一定作用，个别种类的枝条先端偶尔缠绕。

庭院常见蔓生类攀援植物有：木香、蔷薇、叶子花等。

另外，也有个别植物具有多种攀援方式，如倒地铃等。

3. 竹类植物

竹子是多年生常绿的单子叶禾本科竹亚科植物。

竹子根据其生长习性不同可以分为：<u>丛生型</u>、<u>散生型</u>与<u>混生型</u>。

（1）丛生型　新竹是从母竹基部的芽繁殖而来，此类竹看起来是一丛一丛的，如孝顺竹、凤尾竹、麻竹、单竹、小琴<u>丝</u>竹、佛肚竹等。

（2）散生型　新竹是由鞭根（俗称马鞭子）上的芽繁殖而来，此类竹看起来是一根根的，如毛竹、斑竹、水竹、紫竹、金镶玉竹、雷竹、龟甲竹、四方竹等。

（3）混生型　此类竹介于丛生竹与散生竹之间，新竹既有由母竹基部的芽繁殖，又能以竹鞭根上的芽繁殖，如苦竹、白纹阴阳竹、菲白竹、箭竹等。

竹子按其观赏特性不同，可以分为以下几种类型：

1）观秆竹　观秆竹可以分为观秆形与观秆色两类。观秆形的竹子一般节间或节环形状奇特，如大佛肚竹、佛肚竹、龟甲竹、方竹等。观秆色竹子色彩丰富，有紫色、黄色、粉绿色或是不同颜色相间在一起，如紫竹、黄皮桂竹、黄皮刚竹、金竹、粉单竹、粉麻竹、绿粉竹、银丝竹、黄槽刚竹、小琴丝竹、黄金间碧玉竹、金镶玉竹、花秆哺鸡竹、斑竹、筇竹等。

2）观叶竹　枝秆纤细低矮，新叶茂盛或是竹叶具色彩条纹的竹子，如箬竹、菲白竹、菲黄竹、黄纹矮竹、白纹阴阳竹、黄条金刚竹等。

3）观形竹　观赏竹秆、枝、叶整体、整丛或全林的姿态，要求外观秀丽清雅，如孝顺竹、凤尾竹等。

4）观笋竹　竹笋形态优美、色泽鲜艳，同时可供食用。观笋竹种主要有红哺鸡竹、花哺鸡竹、乌哺鸡竹、白哺鸡竹、乌芽竹、早竹、雷竹等。

二、庭院水生植物景观设计

1. 庭院水生植物的选择

（1）根据庭院水体情况选择　庭院中的水体类型丰富，如水池、溪流、瀑布、叠水、喷泉等，不同水体的水深、水流、水质等情况也各不相同，即使相同类型的水体，由于设计形式及周边环境的不同也呈现出不同的面貌。因此，首先分析庭院水体类型与特点，根据水体的面积、深度、水流、水质及环境条件等情况，因地制宜地选择水生植物，才能营造出效果较好且长久稳定的景观。

庭院水体面积较大时可以选择一些较高的水生植物，如再力花、香蒲、水葱、花叶芦竹、芦苇等；庭院水面较小则可以选择一些高度较低的植物，如睡莲、梭鱼草、泽泻、伞草等。

水深对植物的生长有较大的影响，一般来说，水深为 0.3 ~ 1m 的区域可选择荷花、芡实、睡莲、伞草、香蒲、芦苇、千屈菜、水葱、黄菖蒲等植物；水深为 0.1 ~ 0.3m 的区域可选择荇菜、凤眼莲、萍蓬草、菖蒲等植物；水深在 0.1m 以下的区域可选择鸢尾、溪荪、花菖蒲、石菖蒲等植物。

庭院中的水体有动、静之分，一般水生植物在静水或流速缓慢的水体中都能较好地生长，水流速度快的水体宜选择一些根系发达、植株强健的挺水植物，如芦苇、花叶芦竹等。

庭院水质的清浊、营养水平等对水生植物生长会产生一定的影响，尤其是沉水植物。挺水植物一般对水质的耐受性广，沉水植物对水质有较强的依赖性，如水质浑浊会影响其光合作用从而影响生长。

（2）根据造景要求选择　水生植物具有丰富的姿态、优美的线条、缤纷的色彩，不仅能够观叶、赏花，还能形成美丽的倒影，营造生动、优美的庭院景观。不同的水生植物所营造的景观也有所不同，或清新可人，或绚丽多姿，或自然野趣等。因此，需根据庭院水体景观特点来选择合适的水生植物。一般庭院水体的面积不大，多以近距离观赏为主，选择在形态、色彩、质感等方面较为突出的植物。一般水体可以选择一二种观花或观叶的水生植物作为主景，如荷花、睡莲等，再选择一些低矮的水生或湿生植物软化水体轮廓，营造自然意趣。

另外，不同植物的生态习性也各不相同，对温度、湿度、光照、土壤、空气等都有不同的要求，因此要根据庭院环境条件选择水生植物。

2. 庭院水生植物的配置

（1）水生植物平面设计　水生植物平面设计首先应与水池及周边景物的布置取得协调的构图关系，使平面图案美观、线条流畅。

水生植物与水边的距离应有近有远，有断有续，有疏有密，切忌沿边线等距离种满一圈，以免水体显得生硬与呆板。水生植物还应注意数量适中，不宜种植过多，使水面显得过于拥塞，一般不超过总水面的1/3，以免影响水面的倒影效果和水体本身的美学效果。当水岸有亭、榭等园林建筑，或植有美丽的植物，必须对水生植物的种植区域进行控制，留出足够的水面用于形成倒影，如图 5-29 所示。

另外，为了保持水生植物景观的稳定性，需要对水生植物的生长进行适当控制，往往需在水下安置一些设施，如利用缸来栽植或设置种植床，水生植物种植床可以按照植物对水深的不同要求分层设置。

（2）水生植物立面设计　在立面设计上，首先要考虑水生植物之间的搭配关系，从植物的叶形、花形、高矮、姿态、质感等方面进行合理配置，使其形成高低起伏的立面轮廓，丰富水岸景观。

其次，还要考虑水生植物与近岸其他植物之间的搭配关系，形成错落有致的立面效果。水生植物立面设计应结合沿岸其他植物统一设计，形成整体的立面构图，如图 5-30所示，池边的小乔木与水中的菖蒲构成一高一低的对比，加之星星点点的睡莲，形成统一的整体。

图 5-29　水生植物平面控制

图 5-30　水生植物立面构图

再次，要注意水生植物立面与水池、山石、园林建筑、道路等其他景物在立面上的组合关系，使两者能够相映成趣。

（3）水生植物色彩设计　庭院中的水景可以通过植物的色彩营造不同的氛围，或热烈、或宁静、或开朗、或含蓄等，其中水生植物的叶色及花色是重要的考虑因素。水生植物叶色丰富，有黄绿、草绿、深绿、粉绿等各种不同的绿色，还有花叶植物，如花叶美人蕉、花叶芦竹、花叶水葱、花叶菖蒲等，各中叶色巧妙搭配，能够取得很好的效果；除了叶色的搭配外，水生植物的花色搭配更显重要，庭院中常见水生植物花色见表5-1。

表 5-1　庭院中常见水生植物花色

水生植物花色	主要植物种类
黄色	荇菜、萍蓬草、黄菖蒲、黄花美人蕉、黄睡莲
白色	慈姑、泽泻、水鬼蕉、白睡莲、王莲、马蹄莲、姜花、水鳖
蓝紫色	凤眼莲、芡实、雨久花、海寿花、燕子花
紫红色	再力花、千屈菜
红色或淡红色	花蔺、水蓼、红睡莲

水生植物叶色、花色往往会因季节变化而不同，这也构成丰富的季相水景。因此，在配置时要考虑不同水生植物的四季效果，如荷花夏季能够呈现"映日荷花别样红"的效果，秋季则能感受"留得残荷听雨声"的景致，通过植物色彩与季相的变化使庭院景观更加生动，充满活力。

（4）水生植物意境设计　水体本身是能够引起人们无限遐想的元素，加上水生植物的姿态与风韵，更是使庭院充满诗情画意，水生植物结合水体最宜创造出深远的意境。水生植物的意境营造一方面要从不同植物的文化内涵入手，通过植物来传达一定的文化信息，如荷花的"出淤泥而不染，濯清涟而不妖"的高洁品质；另一方面也要结合整体景观氛围来考虑，营造出特定的、耐人寻味的意境。

三、庭院攀援植物景观设计

1. 庭院攀援植物的选择

（1）根据庭院环境条件选择　攀援植物的选择需考虑庭院环境条件及植物的生态习性，因地制宜地选择植物种类，如庭院中阳光充足的环境可以选择凌霄、紫藤、葡萄、薜荔、蔷薇、木香、木通、金银花、牵牛、葫芦、茑萝等植物；庭院中较为庇荫的环境可以选择常春藤、络石、爬山虎、五叶地锦、南五味子等植物植物。攀援植物中木通抗旱能力较强，蔓性蔷薇则抗旱能力较差；金银花、葡萄、爬山虎抗寒能力强，薜荔、凌霄、木香、油麻藤等则不耐寒。

（2）根据造景要求与功能选择　攀援植物种类繁多，在形态、色彩、质感、芳香等方面具有不同的特征，表现出丰富的自然美。如体态轻盈、婀娜多姿的茑萝；枝叶繁茂、花团锦簇的蔷薇；形态苍虬、花色淡雅的紫藤；岁寒犹绿、翠蔓成簇的金银花；叶色苍翠，潇洒自然的常春藤。另外观赏南瓜、葫芦、葡萄等观果攀援植物能够营造浓郁的农家气息。

攀援植物在庭院中常用于绿化与美化棚架、墙面、篱垣、阳台、窗台、坡地及点缀山石等，同时也作为庭院空间分隔、遮阴、调节建筑温度的有效手段。因此，需根据攀援植物在庭院中的作用进行选择。一般来说，有吸盘或气生根的植物，吸附力强，宜作墙面绿化覆盖；有缠绕茎、卷须或钩刺的植物，攀附能力较强，宜作花架、阳台、栏栅等的绿化装饰。

2. 庭院攀援植物的配置方式

庭院中攀援植物配置方式主要有以下几种，如图 5-31 所示：

（1）棚架式　通过造型丰富廊架、棚架等建筑小品或设施栽植攀援植物，主要以观赏、

图 5-31　攀援植物配置方式

a）棚架式　b）附壁式　c）篱垣式　d）立柱式　e）垂挂式

遮阴为目的，这是藤本植物景观营造常用的方式。以观赏目的为主的棚架可选择观花、观果的攀援植物，如蔷薇、铁线莲、猕猴桃、葡萄、观赏南瓜、观赏葫芦等；遮阴要求高的棚架则可选择生长旺盛、分枝力强、枝叶稠密且姿态优美、花色艳丽的攀援植物，如紫藤、金银花、三角花、炮仗花、油麻藤等。大型木质攀援植物的棚架要坚固结实，草质攀援植物的棚架可选择轻巧的构件建造。

（2）附壁式　通过攀援植物绿化与美化建筑墙面及围墙，可以打破墙面呆板的线条，增加墙面的景观效果，同时有效地降低夏季阳光对墙面的热辐射。一般较粗糙的墙面可选择枝叶较大的植物，如爬山虎、五叶地锦、薜荔、凌霄等；光滑的墙面则宜采用枝叶细小、吸附能力强的种类，络石、常春藤、小叶扶芳藤等。另外，也可在墙面安装条状或网状支架，进行人工缚扎和牵引。

（3）篱垣式　攀援植物应用于篱笆、栏杆、矮墙等处，能够形成绿意盎然、生机勃勃的篱垣景观，既具有屏障的功能，又有观赏、空间分割等作用。由于篱垣一般高度都不大，对植物材料攀援能力要求不高，因此几乎所有的藤本植物都可用于此类绿化，如竹篱、小型栏杆上可以茎柔叶小的草本种类为主，如牵牛花、香豌豆、海金沙等；矮墙、钢架等体量较大的可以选用木本种类为主，如蔷薇、云实、金银花、凌霄等。

（4）立柱式　通过攀援植物装饰庭院中的电线杆、灯柱、门柱、廊柱等柱状物，树干有时也可作为立柱进行绿化，如一些枯木配置攀援植物能够形成枯木逢春的景观效果。立柱的绿化多采用缠绕类和吸附类的攀援植物，如紫藤、凌霄、常春藤、茑萝、络石等。

（5）垂挂式　将攀援植物种植于建筑物或构筑物较高部位，而使植物茎蔓向下垂挂的绿化景观形式，常用凌霄、中华常春藤、爬山虎等植物。

庭院中的攀援植物除了考虑配置方式外，还需注意攀援植物之间，攀援植物与建筑、篱垣、山石等其他景物的搭配关系。不同攀援植物配置时要注意利用不同种类之间的搭配以延长观赏期，创造出四季景观；攀援植物叶色与花色应与建筑墙面形成一定的对比，如深色的墙面宜配置叶色较浅或开淡色花的植物，而浅色的墙面宜配置叶色较深或是开深色花的植物；与假山石配合时攀援植物不能影响山石的主要观赏面，以免喧宾夺主。

攀援植物种植形式可以是地栽或是容器栽植，容器栽植可采用植槽栽和盆（缸）栽，一般有条件的地方尽量采用地栽，以利于攀援植物生长。

四、庭院竹类植物景观设计

1. 庭院竹类植物的选择

（1）根据庭院环境条件选择　竹类植物大都喜温暖、湿润的气候，喜欢既有充足的水分，又排水良好的环境。一般散生竹的适应性强于丛生竹与混生竹。由于散生竹基本上是春季出笋，新竹在入冬前已充分木质化，对干旱和寒冷等不良气候条件，有较强的适应能力。丛生竹与混生竹地下茎入土较浅，出笋期在夏、秋季，新竹当年不能充分木质化，经不起寒冷和干旱，故北方一般生长受到限制。散生竹对土壤的要求也较丛生竹与混生竹低。因此，需根据庭院环境的特点选择合适的种类。

（2）根据造景要求选择　竹类植物类型丰富，有的高大如树，有的低矮似草，有的婀娜多姿，有的刚劲挺拔。其观赏特点也各不相同，可观秆、观叶、观形、观笋等。竹子在庭院中可以作为主景配置，也可作为其他景物的配景。因此，要根据庭院竹子不同的造景要求进行选择。作为主景配置的竹子宜选择形态、色彩等方面较突出的种类栽植于重要位置，如孝顺竹、佛肚竹、龟甲竹、紫竹、金竹等；作为配景的竹子则应与其他景物统筹考虑，配合组景。

2. 庭院竹类植物的配置

庭院中竹类植物配置方式主要有以下几种，如图5-32所示：

（1）竹林与竹径　以群植、片植形式栽植于庭院中，构成独立的竹林景观，达到绿竹

图 5-32　竹类植物配置方式

a）竹林与竹径　b）竹丛　c）竹篱　d）竹类地被

成荫的效果，营造一种清静、幽雅的气氛，同时还可起到一定的防风作用。主要采用毛竹、淡竹、刚竹、单竹、麻竹等较为高大的竹类植物，面积小的庭院也可选择一些中等高度的竹类，如雷竹、紫竹等。庭院中的竹林可以表现"竹里人家"的意趣与"返璞归真"的情结。通常可在竹林中开辟小径以形成"竹径通幽"的处理手法，一般竹径宜曲不宜直，以形成丰富的层次与空间变化。

（2）竹丛　竹丛是指三株以上一种或几种观赏竹组合种植的形式，一般选择观赏价值较高的竹子，如孝顺竹、佛肚竹、龟甲竹、斑竹、紫竹、黄金间碧玉等。竹丛在庭院中布置形式较为灵活，景观效果丰富多样。竹丛可以布置于庭院入口形成对景；可以在建筑窗前形成"尺幅窗""无心画"的框景效果；可以布置于粉墙前形成粉墙竹影的清新淡雅的"墨竹图"；可以布置于建筑墙角或入口一隅，柔化建筑景观或烘托局部氛围；可以与山石相配，衬托假山和景石的线条和质感；竹丛布置水边还可以形成浓郁的江南水乡风情。

（3）竹篱　竹篱在庭院中往往用于围墙、挡墙前，起到围合、分隔空间与屏蔽视线的作用，竹篱常以丛生竹、混生竹为宜，如孝顺竹、凤尾竹、大明竹、矢竹等。竹篱一般以自然式为主，也可根据需要修剪整形，以与庭院整体环境相协调。

（4）竹类地被　用于作为庭院地被的竹类植物，一般选择植株低矮、枝叶覆盖效果好、管理粗放的种类，如铺地竹、菲白竹、阔叶箬竹、鹅毛竹、倭竹、翠竹、菲黄竹等。

竹类植物与其他植物材料的组合需考虑形态、色彩的搭配及意境的营造，如竹子与桃花的搭配，能够形成"竹外桃花三两枝"的浓浓春意与亮丽的色彩效果，又如松、竹、梅的搭配能够形成"岁寒三友"的配置效果。

竹石小品是庭院中常用的处理手法，通过竹子与假山、景石的搭配形成优美的艺术构图，使两者相得益彰，如扬州个园四季假山中的竹与石的配置最有特色。春景以刚竹与石笋相配，夏景以纤细柔美的水竹与太湖石组合，秋景以大明竹配以黄石，冬景由宣石配植斑竹和蜡梅。

另外，竹子配置于亭、廊、花架等园林建筑之旁，能够起到很好的点缀作用，同时营造幽静、雅致的环境。

【实践操作】

一、天香庭院水生植物景观设计

天香庭院自然式水池中的水生植物主要选用睡莲、花叶芦竹、伞草、黄菖蒲、水生美人蕉、再力花等，如图5-33所示。

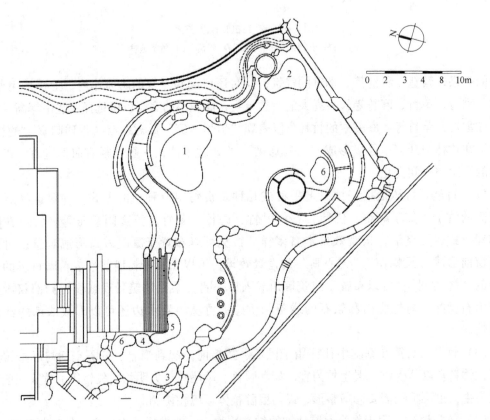

图 5-33　天香庭院水生植物平面布置图

1—睡莲　2—花叶芦竹　3—伞草　4—黄菖蒲　5—水生美人蕉　6—再力花

该庭院水生植物数量不多，沿水池周边布置，疏密有致，断续相间，在布置上结合水池平面的凹凸关系，形成自然的团块状，与整体构图统一协调。在立面上能够柔化水岸线条，起到良好的过渡作用，如图5-34所示，漩涡平台周边配置再力花，使水陆间衔接自然。

图5-34　漩涡平台周边水生植物配置

二、天香庭院攀援植物景观设计

天香庭院中的攀援植物主要有紫藤、常春藤与花叶蔓长春花，重点用于点缀挡土墙、山石，以增加两者的生动性，如图5-35所示，分别采用枝条柔软的花叶蔓长春花与枝叶繁茂的紫藤点缀挡土墙与山石，形成自然而富有野趣的景观效果。在攀援植物配置时还注意与其他类植物的搭配，如紫藤与云南黄素馨的搭配，共同形成向下垂挂的效果。

a)　　　　　　　　　　　b)

图5-35　天香庭院攀援植物配置
a) 点缀挡土墙　b) 点缀山石

三、天香庭院竹类植物景观设计

该庭院中竹子有孝顺竹与刚竹两种，平面布置如图5-36所示。孝顺竹配置于入口处的建筑角隅，一方面起到柔化建筑墙角的效果，同时又形成入口对景，如图5-37a所示。刚竹主要配置于南侧与东部围墙旁边，形成郁郁葱葱的绿色屏障，分隔内外空间。庭院东侧围墙边的刚竹主要形成竹篱的效果，如图5-37b所示。南侧种植面积相对东侧要大，同时周边又布设曲径，使人产生行走于竹林的感觉，如图5-37c所示。

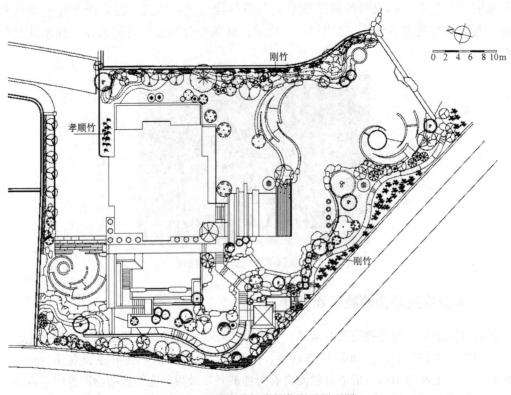

图 5-36　天香庭院竹类植物配置平面图

　　　　　a)　　　　　　　　　　b)　　　　　　　　　　c)

图 5-37　天香庭院竹类植物配置效果

a）建筑角隅　b）围墙旁　c）竹径

【思考与练习】

1. 水生植物的类型及常见植物有哪些？阐述庭院中水生植物选择与配置要点。

2. 攀援植物的类型及常见植物有哪些？阐述庭院中攀援植物选择与配置要点。

3. 竹类植物的类型及常见植物有哪些？阐述庭院中竹类植物选择与配置要点。

4. 为前述 20 号别墅庭院中设计水生植物、攀援植物及竹类植物，要求布局合理，层次与季相丰富、色彩协调。

参 考 文 献

[1] 王晓俊. 风景园林设计 [M]. 3 版. 南京：江苏科学技术出版社，2009.

[2] 吴为廉. 景观与景园建筑工程规划设计 [M]. 北京：中国建筑工业出版社，2005.

[3] 张建林. 园林工程 [M]. 2 版. 北京：中国农业出版社，2009.

[4] 肖慧，王俊涛，等. 庭院工程设计与施工必读 [M]. 天津：天津大学出版社，2012.

[5] 黄清俊. 小庭院植物景观设计 [M]. 北京：化学工业出版社，2011.

[6] 苏雪痕. 植物造景 [M]. 北京：中国林业出版社，1994.

[7] 朱钧珍. 园林理水艺术 [M]. 北京：中国林业出版社，1998.

[8] 毛培琳. 园林铺地 [M]. 北京：中国林业出版社，2003.

[9] 夏宜平，等. 园林花境景观设计 [M]. 北京：化学工业出版社，2009.

[10] 吴立威，等. 园林工程设计 [M]. 北京：机械工业出版社，2012.

[11] 王晓畅，刘睿颖，等. 园林制图与识图 [M]. 北京：化学工业出版社，2009.

[12] 诺曼·K. 布思，詹姆斯·E. 希斯. 住宅景观设计 [M]. 马雪梅，彭晓烈，译. 北京：北京科学技术出版社，2013.

[13] 格兰特·W. 里德. 园林景观设计从概念到形式 [M]. 陈建业，赵寅，译. 北京：中国建筑工业出版社，2004.

[14] 菲利普·斯温德尔斯. 容器式水景花园 [M]. 蔡建华，译. 长沙：湖南科技出版社，2003.